Der Fernsprechverkehr als Massenerscheinung mit starken Schwankungen

Von

Dr. G. Rückle und Dr.-Ing. F. Lubberger

Mit 19 Abbildungen im Text
und auf einer Tafel

Berlin
Verlag von Julius Springer
1924

Alle Rechte, insbesondere das der Übersetzung
in fremde Sprachen, vorbehalten.

ISBN-13: 978-3-642-89394-0   e-ISBN- 978-3-642-91250-4

DOI: 10.1007/ 978-3-642-91250-4

Vorwort.

Es liegt nicht im Ziel der vorliegenden Schrift, über den Wert der Wahrscheinlichkeitsrechnung und die Berechtigung ihrer Anwendung auf Gebiete außerhalb der Glücksspiele zu sprechen.

Für unseren Zweck ist die Wahrscheinlichkeitsrechnung eine mathematische Methode, die uns einen raschen und guten Überblick über zu beschreibende verwickelte Vorgänge liefert. Dabei kann man nicht den Ehrgeiz haben, allgemein beweisen zu wollen, daß bei diesen Vorgängen genau die Bedingungen erfüllt sind, unter denen man allgemein die Anwendung der Theorie des Zufalls für erlaubt erklärt.

Wir begnügen uns damit, summarisch festzustellen, daß die grundlegende Forderung der Unabhängigkeit der Einzelereignisse im allgemeinen, d. h. mit Ausnahme eines verhältnismäßig kleinen Bruchteils der Beobachtungszeit erfüllt ist.

Im übrigen suchen wir den Nachweis der Berechtigung der Methode dadurch zu erbringen, daß wir Rechnung und Messung miteinander vergleichen. Bleiben die Unterschiede zwischen beiden in den Grenzen, die mit der Eigenart der zu beschreibenden Erscheinungen verträglich sind, so sehen wir das als den Nachweis dafür an, daß mit den zur Verwendung gelangenden mathematischen Hilfsmitteln auf diesem Gebiet gearbeitet werden darf. Darüber muß der Leser urteilen nach dem Durchlesen der Schrift.

Die Anwendung der Wahrscheinlichkeitstheorie auf technische Aufgaben ist neu, wenn man von der Ballistik absieht, die die Elemente der Statistik heranzieht zur Bestimmung der Trefferwahrscheinlichkeiten u. a.

Daß die prinzipiellen Fragen, wie sie bei dem erstmaligen Eingreifen statistischer Methoden in grundlegende Fragen der Physik aufgetreten sind, bei einem Problem wie dem hier behandelten nicht zur Diskussion stehen, braucht kaum besonders bemerkt zu werden.

Die Arbeit ist aus den Aufgabenstellungen im Gebiete der Fernsprechanlagen entstanden, die sich bei der Siemens & Halse A.-G., Berlin, entwickelt hatten. Wir danken der Siemens & Halske A.-G. für die bereitwillige Überlassung ihrer reichen Hilfsmittel.

Berlin, im Oktober 1924.

Rückle, Lubberger.

Inhaltsverzeichnis.

I. Grundlagen.

Übersicht.

Der Fernsprechverkehr als Massenerscheinung, die mit der Wahrscheinlichkeitsrechnung erfaßt werden kann. Die Grundgrößen des Fernsprechverkehrs. Grundzüge der Fernsprechanlagen mit Wählerbetrieb. Aufgabenstellung für die Entwicklung der theoretischen Gleichungen. Erfahrungswerte für den Fernsprechverkehr, mit welchen die theoretischen Ergebnisse verglichen werden müssen.

A. Grundgrößen des Fernsprechverkehrs.

Eine Massenerscheinung ist den Gesetzen der Wahrscheinlichkeitsrechnung unterworfen, wenn für das Eintreten der einzelnen Ereignisse das „Prinzip der elementaren Unordnung" gilt, d. h. wenn die einzelnen Ereignisse — die entstehenden Anrufe — unabhängig voneinander und von einem äußeren Zwange eintreten. In den folgenden Abschnitten soll der Fernsprechverkehr als ein Beispiel einer solchen Massenerscheinung behandelt werden. Daher muß zuerst untersucht werden, ob die Forderung der Unabhängigkeit der einzelnen Ereignisse gewährleistet ist.

Der Fernsprechverkehr wird oft durch Schaulinien, wie Abb. 1, dargestellt. Die Abszisse ist in 24 Stunden eingeteilt, die Ordinaten stellen die in den einzelnen Stunden hergestellten Verbindungen

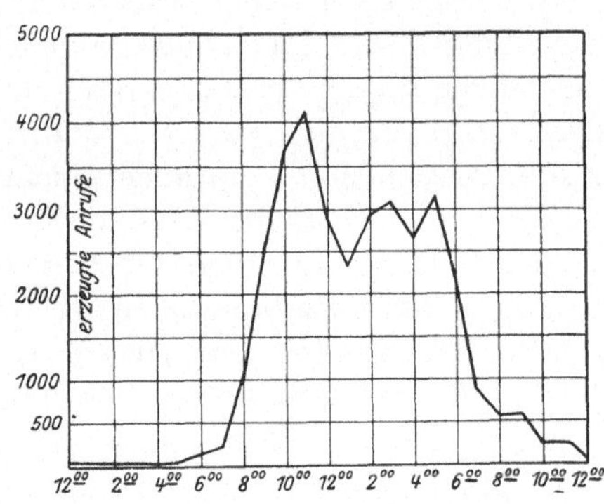

Abb. 1. Typische Tageskurve.

dar. In einem Amte mit 6000 Anschlüssen steigt die Verkehrsspitze bis zu 9000 Verbindungen in der stärkst beschäftigten Stunde, der sog. Hauptverkehrsstunde, abgekürzt HVSt., und fällt in den frühen Morgenstunden bis auf wenige Verbindungen in der Stunde. Der allgemeine Verkehr hängt also von der Tageszeit ab, eine Bedingung, die von der Wahrscheinlichkeitsrechnung nicht erfaßt wird. Für den

Fernsprechtechniker reichen aber die angegebenen Beobachtungen nicht aus. Denn es kommt darauf an, wieviel Personal und Apparatur bereitzustellen sind, um den Verkehr zu bewältigen. Diese Anzahlen bedingen die Anschaffungs- und Betriebskosten, sind also die wirtschaftlich maßgebenden Zahlen. Also nicht der Stundenverkehr der HVSt. ist das Wichtigste, sondern der „Gleichzeitigkeitsverkehr", d. h. die höchste Anzahl gleichzeitig bestehender Belegungen. Man kann ein Amt „reichlich" ausrüsten, dann wird es selten vorkommen, daß eine Verbindung keinen freien Weg mehr findet. Man kann aber auch sparen, dann wird es öfters vorkommen, daß eine Verbindung aus Mangel an freien Wegen verloren geht.

Man hat die für den Fernsprechverkehr maßgebenden Grundgrößen herausgearbeitet, die eine genaue Beschreibung des Verkehrs ermöglichen. Wie bei allen Verkehrsarten — Straßenbahn, Wasserversorgung, Lichtanlagen — hängt die Betriebsgüte von der Zahl der bereitgestellten Einrichtungen ab. Die Technik bezeichnet den Maßstab für die Betriebsgüte als „Wirkungsgrad". Fernsprechverbindungen können aus einer Reihe von Gründen verloren gehen, durch Fehler in den Apparaten, durch Versehen des Personals (im Handbetrieb), durch Mangel an Verbindungswegen. Besetztmeldungen sind keine Fehlverbindungen, weil ja dabei das Amt seine volle Schuldigkeit getan hat. Bei vielen technischen Anlagen schreibt die Natur der Anlage einen kleinsten Wirkungsgrad vor. Bei Lichtanlagen müssen die Leiterquerschnitte groß genug sein, damit die Lampen nicht dunkel brennen oder die Leiter erhitzt werden. Beim Fernsprechverkehr gibt es keine derartige Grenze. Hier ist lediglich die Zufriedenheit der Verbraucher maßgebend. Man kann folgende Zahlen angeben: es ist bekannt, daß in der HVSt. etwa $25\,^0/_0$ oder mehr aller Verbindungen besetzt gemeldet werden. Wenn zu diesen nicht hergestellten Verbindungen noch insgesamt $2\,^0/_0$ Verluste aus irgendwelchen Gründen dazutreten, so sind die Verbraucher noch zufrieden. Es ist nun Sache des Erbauers der Anlage, diese zulässigen $2\,^0/_0$ Verluste auf die verschiedenen Ursachen zu verteilen denn er muß immer mit Unachtsamkeit des Personals, mit Fehlern der Apparate und mit unerwarteten Verkehrsspitzen rechnen, denen die Anlage nicht gewachsen ist.

Der Verkehr ist stark, wenn viele Verbindungen verlangt werden und wenn die Verbindungen die Einrichtungen lange beanspruchen. Man rechnet nun nicht mit Verbindungen allein, denn auch Störungen, Prüfungen usw. belegen die Einrichtungen, man spricht deshalb stets von „Belegungen". Man bezeichnet die Zahl der in der HVSt. erzeugten Belegungen mit dem Buchstaben „c". Die mittlere Belegungsdauer sei mit „t" bezeichnet. Die Größe „ct" spielt eine große Rolle in der Rechnung. Man bezeichnet dieses Produkt meist mit dem Buchstaben „y" und nennt die Einheit $y = 1$ eine „Belegungsstunde". Eine Belegungsstunde kann aus 40 Belegungen von je $^1/_{40}$ Stunde oder aus 80 Belegungen von je $^1/_{80}$ Stunde zusammengesetzt sein. Die späteren Entwicklungen werden zeigen, daß es nicht nur auf den Wert $y = ct$, sondern gegebenenfalls auch auf die Einzelwerte von c und t ankommt.

Die Erfahrung lehrt folgende Zahlen: Der Tagesverkehr einer Sprechstelle bei Pauschaltarif und „durchschnittlicher Verkehrsstärke" ist ungefähr 10 bis 12 Belegungen (einschl. Störungen und anderer Belegungen) im Tage. Bei Gebührentarif (in Anlagen mit Pauschalen) ist die Tageszahl etwa 2 bis 3. Wenn nur Gebührentarif gewährt ist (Deutschland), so treten die Schwachsprecher zurück und der Tagesdurchschnitt ist etwa 6 bis 8. Im inneren Verkehr von großen Fabriken und Banken wird der Tagesverkehr einer Stelle bis zu 25 betragen. Die mittlere Belegungsdauer ist bei einem gewöhnlichen städtischen Verkehr etwa $1^1/_2$ Minuten $= {}^1/_{40}$ Stunde, in Fabriken 1 Minute $= {}^1/_{60}$ Stunde. Die Dauer kann aber bis zu 3 Minuten steigen. Diese grundlegenden Zahlen müssen auf irgendeine Weise festgestellt werden, bevor man an den Bau einer Anlage herantreten kann.

Eine weitere Grundgröße ist die Zahl der „Quellen", also die Zahl der Sprechstellen. Man verwendet dafür die Buchstaben S und s. Es ist leicht möglich, daß 10 Börsenanschlüsse in einer Stunde 300 Verbindungen erzeugen, trotzdem treten bei 10 Leitungen keine Verluste auf. Wenn aber 1000 Teilnehmer 300 Verbindungen erzeugen, so muß man — späteren Überlegungen vorgreifend — 16 Leitungen vorsehen, um die 1000 Teilnehmer zu befriedigen. Daher spielt auch die Zahl der Stellen eine Rolle bei den Rechnungen.

Selbstverständlich muß das Amt gerade in der HVSt. befriedigen. Man rechnet in der Fernsprechtechnik deshalb immer mit dem Verkehr der HVSt. In den anderen Stunden bleibt ein großer Teil des Amtes unbenützt. Bekanntlich sind die Starkstromtechniker bestrebt, die Verkehrsspitzen von Licht- und Kraftstrom auf verschiedene Tageszeiten zu legen. In der Fernsprechtechnik kann sich in der Zukunft ein ähnliches Bestreben geltend machen, wenn in den Zeiten schwachen Verkehrs Musik, allgemeine Nachrichten usw. verbreitet werden. Doch das nur nebenbei. Langjährige Erfahrung hat nun gelehrt, daß der Tagesverkehr und der Verkehr der HVSt. in einem ziemlich gleichbleibenden Verhältnis zueinander stehen. Den Prozentsatz der HVSt. zu dem Tagesverkehr nennt man „Konzentration". Am stärksten ist die Konzentration in Hafenstädten mit Schiffsverkehr, hier ist sie $25\,^0/_0$. In Anlagen ohne besondere „Störungsquelle" ist sie 10 bis $12\,^0/_0$. In Fabriken und Banken ist der Verkehr faßt gleichmäßig über die ganze Arbeitszeit verteilt.

Man hat also etwa folgende Angaben: $s = 5000$ Anschlüsse, je Anschluß $c = 2$ Belegungen in der HVSt., mit je einer Dauer von $^1/_{40}$ Stunde. Man soll eine Anlage so bauen, daß höchstens $2\,^0/_0$ aller Verbindungen verloren gehen.

Nun müßte man untersuchen, ob der Verkehr der HVSt. die Bedingung der elementaren Unordnung erfüllt, um die Wahrscheinlichkeitsrechnung für ihn anwenden zu dürfen. Man hat das nicht untersucht, sondern die Bedingung als erfüllt angenommen. Die mit der Wahrscheinlichkeitstheorie entwickelten Gleichungen stimmen mit der Erfahrung vollständig überein.

B. Die Technik der Fernsprechsysteme.

Es gibt zwei grundsätzlich verschiedene Systeme zur Herstellung von Verbindungen: den Handbetrieb und den Wählerbetrieb (auch automatische Telephonie genannt). Beim Handbetrieb gibt der Teilnehmer die gewünschte Nummer an eine Beamtin. Diese — oder in großen Anlagen auch zwei Beamtinnen — führt eine bewegliche Leitung (Stöpsel) in die Anschlußstelle der gewünschten Leitung ein und zieht diese bei Gesprächsschluß wieder heraus. Beim Wählerbetrieb stellt man im Amte Maschinen — die sog. „Wähler" — auf, welche vom Teilnehmer durch Stromstöße gesteuert werden. Zur Erzeugung der Stromstöße benützt der Teilnehmer einen „Nummernschalter". Das ist ein Zusatz zu dem Sprechapparat mit einer Scheibe mit 10 Löchern. Wenn die Scheibe vom Loche 4 aus gedreht wird, so werden 4 Stromstöße zum Amte geschickt.

Für den Handbetrieb lautet die Aufgabe nun so: Wie viele Beamtinnen und wie viele Stöpsel sind im Amte vorzusehen, für den Wählerbetrieb: wie viele Wähler sind aufzustellen, um den Verkehr zu bewältigen? Der Wählerbetrieb stellt wesentlich strengere Forderungen als der Handbetrieb. Es sind Rechnungsmethoden für die Wählerzahl bekannt geworden. Sie beruhen aber auf Kurven, die aus Beobachtungen in Ämtern mit gewöhnlichem Verkehr gewonnen wurden, sie reichen also für besondere Zwecke nicht aus, und auf viele Fragen nach Einzelheiten und Feinheiten bleiben sie die Antwort schuldig.

C. Die Grundzüge des Wählerbetriebes.

Die Abb. 2 stellt das Gerippe eines Wählers dar. W ist eine Welle, etwa 30 cm lang, mit einer Verzahnung parallel zur Achse

und einer Verzahnung senkrecht zur Achse. Ein Magnet *HM* mit
Klinkwerk hebt die Welle für jede Erregung um einen Zahn („Dekade") und ein Magnet *DM* verdreht sie für jede Erregung des
Magneten *DM* um einen Zahn. Am unteren Ende der Welle sind
drei Kontaktbürsten befestigt, die somit in 100 Stellungen gebracht
werden können. Im Bereiche der Bürstenspitzen sind drei Sätze
fester Kontakte in einem Segment eines offenen Zylinders befestigt.
Man nennt die Gesamtheit dieser festen
Kontakte Kontaktsatz oder Kontakt-
bank. Die anrufende Leitung ist mit
den Bürsten, die gewünschte Leitung
mit dem entsprechend numerierten
Kontakte der Bank verbunden. Um
eine Verbindung mit der Leitung 75
herzustellen, wird die Welle in die 7
Dekade gehoben und in dieser auf
den 5. Kontakt gedreht. Diese Type
von Wählern nennt man „Leitungs-
wähler", abgekürzt LW. Für 100 Teilnehmer sind also 100 LW aufzustellen,
deren Kontaktsätze unter sich vielfach zu schalten sind. Es kann je der
Teilnehmer jeden anderen erreichen,
siehe Abb. 3. Die zeitliche Ausnüt-
zung der Wähler ist sehr schlecht, weil
jeder Wähler höchstens $^1/_2$ Stunde im
Tage benutzt wird. Man schaltet daher vor die Stufe der LW eine „Vor-
wahlstufe", siehe Abb. 4. Ein „Vorwähler" (abgekürzt VW) ist ein Wähler
mit nur einer Drehrichtung. Die Teilnehmerleitung ist mit den Bürsten
des VW verbunden. Die von den festen
Kontakten abgehenden Leitungen

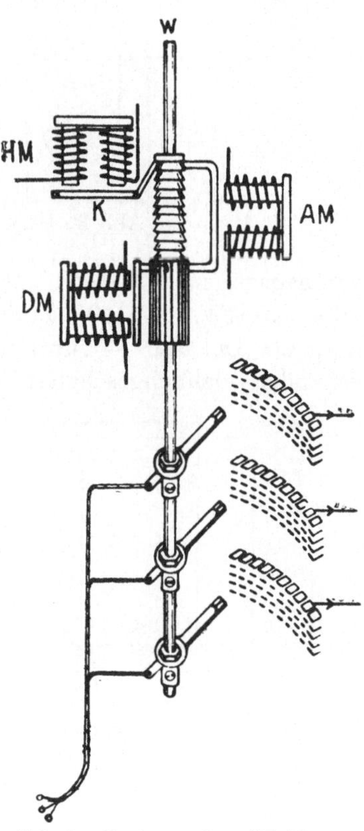

Abb. 2. Gerippe eines Wählers.

enden an LW, z. B. sind die VW 10 teilig, haben also Kontaktsätze
mit 10 Kontakten. Für 100 Teilnehmer sind 100 VW und z. B.
10 LW aufzustellen. Wenn der Teilnehmer den Hörer abhebt, so
beginnt der VW von selbst sich zu drehen und läuft so lange, bis
seine Bürsten eine freie Leitung zu einem LW gefunden haben.
Dann sendet der Teilnehmer die Stromstöße.

Zur Vergrößerung des Systems über 100 Anschlüsse führt man
die von den VW abgehenden Leitungen nicht zu LW, sondern zu
einem neuen Wählersatz, den „Gruppenwählern". Die Bauweise dieser

Wähler ist ebenfalls durch die Abb. 2 beschrieben, aber die Schaltung ist anders als für LW. Angenommen, es sei ein Amt mit 1000 Anschlüssen zu bauen. Man stellt 10 Gruppen mit je 100 VW auf und führt die von ihnen abgehenden Leitungen zu Gruppenwählern,

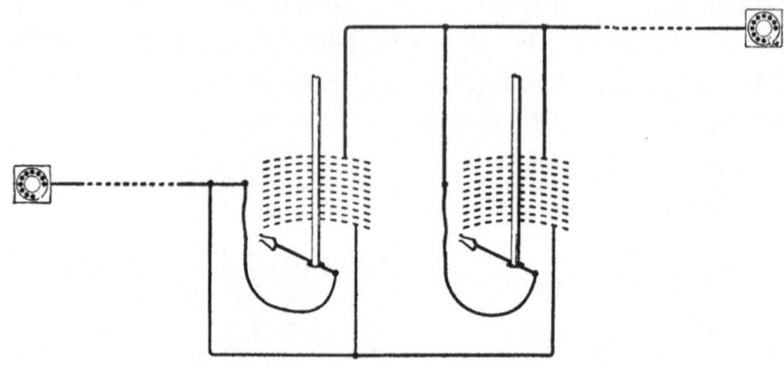

Abb. 3. Hunderter System.

also im ganzen zu 100 GW. Dann verdrahtet man alle Kontaktsätze der 100 GW. Die 10 Vielfachleitungen des ersten Hubschrittes — die „erste Dekade" — führt man zu 10 LW, deren Kontaktsätze untereinander vielfachgeschaltet werden. Die 10 Vielfachleitungen

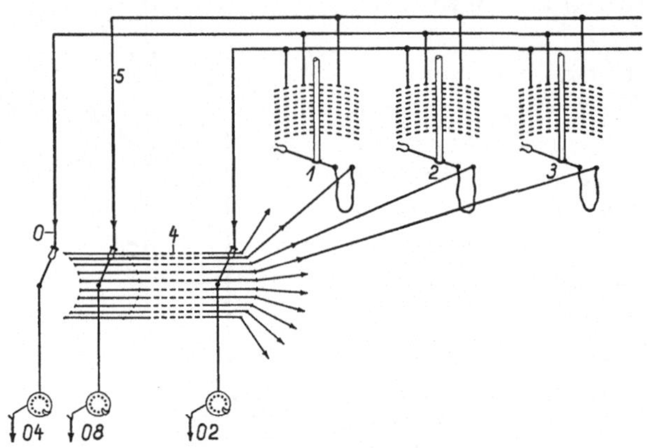

Abb. 4. Hundertersystem mit Vorwahl.

der zweiten Dekade führt man zu einem anderen Satz von 10 LW usw. Man hat also 1000 VW, 100 GW und 100 LW aufzustellen. Das Ganze gilt für einen mäßig starken Verkehr. Wenn nun ein Teilnehmer 375 anrufen will, so hebt er den Hörer ab. Sein VW wird ihm sofort einen freien GW geben. Der Teilnehmer schickt die erste Stromstoßreihe „3". Der GW wird in seine dritte Dekade gehoben. Der GW beginnt nun, sich zu drehen und läuft, bis er einen freien LW in dieser dritten Dekade gefunden hat. Die zwei nächsten Stromstoßreihen stellen den LW ein, wie weiter oben beschrieben.

Zum Ausbau der Anlage bis zu 10000 Anschlüssen führt man die von den Kontaktsätzen der GW abgehenden Leitungen nicht zu LW, sondern noch zu einem neuen Satze von Gruppenwählern. Den ersteren Satz nennt man „erste GW" (I. GW), den zweiten Satz „zweite GW" (II. GW). Die erste Stromstoßreihe stellt den I. GW auf die gewünschte 1000er Dekade, in welcher der I. GW eine freie Leitung zu einem II. GW sucht. Die zweite Stromstoßreihe stellt den II. GW auf die gewünschte 100er Dekade, in welcher der II. GW eine freie Leitung zu einem freien LW des gewünschten Hunderts sucht, die dritte und vierte Stromstoßreihe stellen den LW, wie oben beschrieben, ein.

Aus dieser Beschreibung erkennt man die Grundsätze des Wählerbetriebes:

1. die Nummernwahl, d. h. die vom Teilnehmer durch Stromstöße gesteuerte Einstellung der Wähler;

2. die „freie Wahl", d. h. das Aufsuchen einer freien Leitung aus einem „Bündel" von Leitungen, also aus einer Mehrzahl von Leitungen, worin die einzelnen Leitungen untereinander gleichwertig sind. Es ist gleichgültig, über welche Leitung eines durch eine Nummernwahl erreichten Bündels die Verbindung zustande kommt;

3. die „Gruppenteilung". Die Teilnehmer sind in Gruppen zu je 100 Leitungen zusammengefaßt. Der gesamte Verkehr fließt dann in der einzigen Gruppe I. GW zusammen, und jede Vielfachleitung im Felde der I. GW steht jeder Verbindung zur Verfügung. Von dort teilt sich der Verkehr wieder in die 10 Richtungen nach dem II. GW der 1000er Gruppen hin. Die II. GW bilden wieder 10 Gruppen, denn ein an der 3. Dekade angeschlossener II. GW kann nicht gebraucht werden, um eine Verbindung in das 6. Tausend herzustellen. Von den Feldern der II. GW teilt sich der Verkehr noch einmal in die 10 Richtungen zu den LW hin. Man erkennt also, daß der Verkehr beim Durchlaufen des 10000er Amtes in kleinen Gruppen von je 100 Anschlüssen entsteht, dann in den Kontaktfeldern der I. GW gesammelt wird und dann sich zweimal wieder teilt;

4. die Hintereinanderschaltung von mehreren Wählerstufen (VW, I. GW, II. GW, LW) ist der Grundsatz der Vergrößerung der Fassungskraft einer Anlage.

Die Abb. 4 stellt noch nicht die sparsamste Anordnung dar. Wenn z. B. 20 Hundertergruppen aufgestellt werden, so hat die eine Gruppe ihre HVSt. zu einer anderen Tageszeit, als die anderen Gruppen. Man „gleicht die HVSt. der verschiedenen Gruppen aus" durch die „doppelte Vorwahl", siehe Abb. 5. Außer den mit den Teilnehmern verbundenen Vorwählern, jetzt „erste VW = I. VW" genannt, stellt man noch 10 weitere Gruppen A, B, C, ..., K von

Vorwählern, „zweite VW = II. VW" genannt, auf. Die von den I. VW abgehenden Leitungen werden zu den II. VW geführt, und zwar so:

Die erste Leitung der ersten Gruppe I. VW geht zu einem II. VW in der Gruppe A, die zweite Leitung geht zu einem II. VW der Gruppe B usw. Die erste Leitung der zweiten Gruppe von

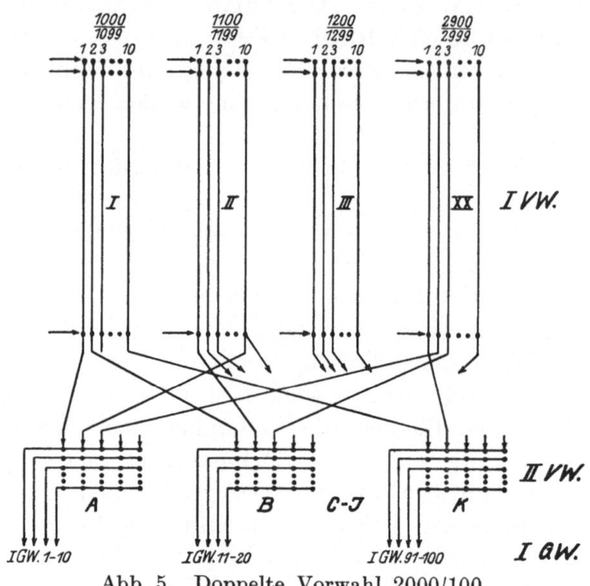

Abb. 5. Doppelte Vorwahl 2000/100.

I. VW geht zum einem II. VW der Gruppe B, die zweite Leitung dieser Teilnehmergruppe geht zu einem II. VW der Gruppe C usw. Die Ausgänge der II. VW führen dann zu 100 I. GW. Man sieht, daß jeder Teilnehmer jeden der I. GW erreichen kann. Die Erfahrung zeigt, daß für einen mittleren Verkehr für 2000 Teilnehmer 100 I. GW ausreichen, wenn jedem Teilnehmer jeder der 100 I. GW zugänglich gemacht ist. Man braucht also 2000 I. VW, 200 II. VW und 100 I. GW bei doppelter Vorwahl an Stelle von 2000 I. VW und 200 I. GW ohne diese. Die erste Anordnung ist wesentlich billiger.

Es sei hier ausdrücklich betont, daß die beschriebene Anordnung und Gruppierung durchaus nicht die einzige Möglichkeit für den Wählerbetrieb darstellt. Andere Anordnungen sind den Fachleuten wohl bekannt. Sie bieten aber keine grundsätzlich neuen Gesichtspunkte, so daß sie hier übergangen seien, insbesondere weil die später entwickelten Gleichungen sich auf alle Systeme ohne weiteres übertragen lassen.

Wie verteilt nun der Fachmann die ihm zugestandenen $2\,^0/_0$ Verluste? Im beschriebenen System sind fünf Wählerstufen hintereinander geschaltet (I. VW, II. VW, I. GW, II. GW, LW). In jeder Wählerstufe können Versager eintreten. Es ist üblich geworden, im allgemeinen die einzelnen Stufen auf je $^1/_{1000}$ Verlust wegen Mangel an freien Wegen zu berechnen. Man kann aber auch von dieser Verlustziffer abweichen, wenn man aus irgendwelchen Gründen andere Verluste zulassen will. Es sei ferner bemerkt, daß alle bisherigen veröffentlichten Messungen sich auf die Verlustziffer $^1/_{1000}$ beziehen, und daß andere Verlustziffern nur durch Rechnung berücksichtigt werden können.

D. Die Aufgabenstellung für die Theorie.

An Hand der Abb. 6 können wir nun die Grundaufgaben für die Theorie des Fernsprechverkehrs aufstellen.

I. Die Leistung eines einzelnen Bündels.

Aus jeder Gruppe I. VW entspringt ein „Bündel", ebenso aus jeder Dekade der Gruppenwähler. Wie groß muß das Bündel sein, wenn für einen gegebenen Verkehr ein vorgeschriebener Verlust nicht überschritten werden soll?

II. Zusammensetzung des Verkehrs.

Wenn ein in mehreren kleinen Gruppen entstehender Verkehr in eine große Gruppe zusammengefaßt wird, so wirken zwei Ursachen für eine Veränderung der Verkehrsmenge:

a) in einer gegebenen Stunde fallen die Höchstzahlen gleichzeitig bestehender Verbindungen in den kleinen Gruppen nicht zusammen. Die Spitze der großen Gruppe wird also wesentlich kleiner sein, als die Summe der Spitzen der kleinen Gruppen.

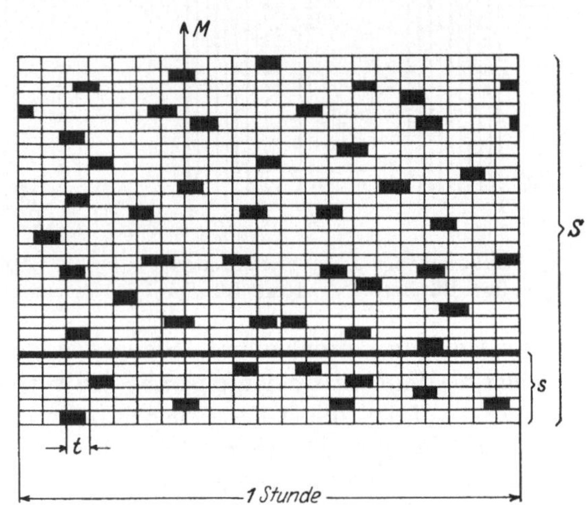

Abb. 6. Belegungen in einer Stunde.

S = Teilnehmer der ganzen Gruppe.
s = Teilschema einer Teilgruppe.
t = Belegungsdauer.
M = Augenblick eines Kinobildchens.

b) Die Hauptverkehrsstunden der kleinen Gruppen fallen nicht in die gleiche Tageszeit. Betrachtet man daher etwa die Stunde, in welcher die große Gruppe ihre HVSt. hat, so wird dieser Hauptverkehr nicht gleich sein der Summe der HVSt. der kleinen Gruppen, weil, wie gesagt, die kleinen Gruppen nicht gerade in dieser Stunde alle ihre HVSt. aufweisen. Es sollen nun Gleichungen aufgestellt werden, die die Veränderungen der Verkehrsmengen beim Zusammensetzen und auch beim Trennen von Verkehrsmengen beschreiben.

III. Welchen Einfluß haben die Einzelgrößen c, t und s auf die Bündelleistung bei vorgeschriebenen Verlusten?

Die Grundaufgaben nehmen sehr verschiedene Formen an, die in den späteren Entwicklungen zu finden sind.

Erweiterung der Aufgabenstellung. Die Abb. 7 stellt eine Gruppe von 100 VW dar. Die VW sind so geschaltet, daß sie bei Gesprächsschluß stets

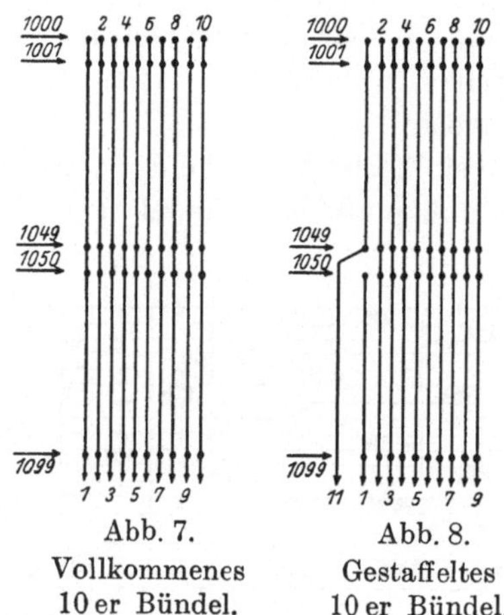

Abb. 7.
Vollkommenes
10 er Bündel.

Abb. 8.
Gestaffeltes
10 er Bündel.

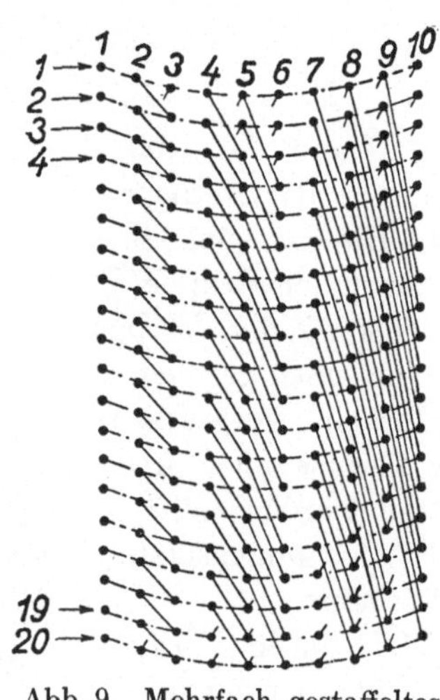

Abb. 9. Mehrfach gestaffeltes
10 er Feld.

in eine Ruhelage zurückkehren. Sie suchen ihr Vielfachfeld daher immer in einer bestimmten Reihenfolge ab. Sie versuchen also, ihren Verkehr möglichst auf den zuerst bestrichenen Leitungen abzuladen. Die erst ab gesuchte Leitung wird daher sehr viel mehr Verkehr erhalten, als die später abgesuchten Leitungen. Messungen und die später entwickelten Gleichungen zeigen für eine Gesamtbelastung des Feldes mit 3,3 Bel.-Std. = 198 Min. die Verteilung dieser Verkehrsmasse über die 10 Leitungen wie folgt:

die 1. Leitung . . . . . 49,5 Minuten,
„ 2. „ . . . . . 45,0 „
„ 3. „ . . . . . 38,0 „
„ 4. „ . . . . . 28,5 „
„ 5. „ . . . . . 18,0 „
„ 6. „ . . . . . 10,0 „
„ 7. „ . . . . . 5,0 „
„ 8. ⎫
„ 9. ⎬ „ . . . . . 4,0 „
„ 10. ⎭

———————————————

198,0 Minuten.

Die Abb. 8 zeigt eine andere Anordnung des Vielfachfeldes. Die erste Vielfachleitung ist nicht mehr über 100 VW, sondern nur über 50 Leitungen geschaltet, die übrigen Vielfache bleiben unverändert. Wenn man eine solche Vielfachanordnung mißt oder berechnet, so findet man, daß die beiden über 50 VW sich erstreckenden Vielfache je etwa 40 Min. leisten, also von den 198 Min. werden auf den erstabgesuchten Leitungen schon 80 Min. abgeladen und die übrigen Leitungen erhalten um so weniger Verkehr. Umgekehrt kann man die zugeführte Belastung der Gruppe steigern und trotz der 10 teiligen Wähler die Leitungen besser ausnützen, als ohne das „Schneiden" der Vielfache. Man bezeichnet Vielfachfelder, in welchen die erstabgesuchten Leitungen über weniger Wähler vielfach geschaltet sind, als die später abgesuchten, als „gestaffelte" Felder. Die Abb. 9 zeigt ein mehrfach gestaffeltes Feld.

IV. Grundaufgabe: Es sollen Gleichungen zur Berechnung gestaffelter Felder bei gegebener Verlustziffer aufgestellt werden.

E. Erfahrungswerte nach M. Langer.

Die ausführlichsten Mitteilungen über Messungen hat M. Langer[1]) gemacht. Diese Erfahrungswerte seien hier wiedergegeben. In der Abb. 10 ist die Abszisse in Bündel eingeteilt, d. h. „50" bedeutet

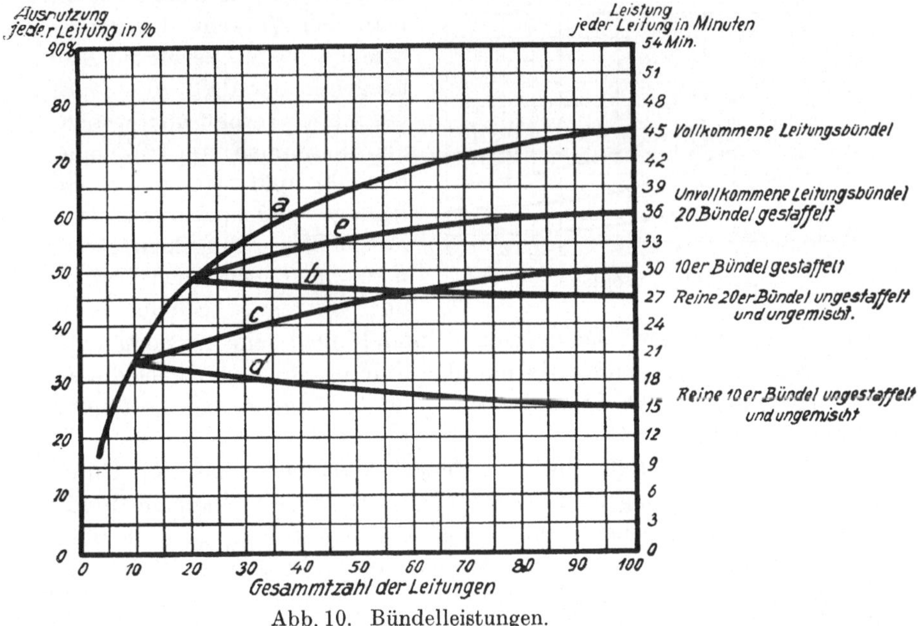

Abb. 10. Bündelleistungen.

1) Langer, M.: Z. Fernmeldetechn. 1921, Heft 3 u. 4, u. ETZ 1924, Heft 11.

ein Bündel mit 50 Leitungen. Die Schaulinie *a* stellt die Leistungen „vollkommener Bündel" dar. In einem vollkommenen Bündel kann jede Leitung jede andere ersetzen, d. h. alle anrufenden Leitungen können alle Leitungen des Bündels benützen. Ein Zehnerbündel leistet 20 Min. je Leitung, insgesamt also 200 Min. $= 3,33$ Belegungsstunden bei einem Verlust von $^1/_{1000}$ des Verkehrs. Die Schaulinie *b* stellt die Leistung von gestaffelten Zehnerbündeln dar, also von Bündeln, in welchen die erstabgesuchten Leitungen über weniger Wähler gevielfacht sind, als später abgesuchte. Diese Linie wird später sehr eingehend behandelt (siehe S. 131). Die Schaulinie *c* bedeutet folgendes: Angenommen es verlaufen von einem Amte zu einem anderen 100 Verbindungsleitungen, welche in Zehnerbündel eingeteilt sind, d. h. also eine Trennung in 10 sich gegenseitig nicht unterstützende Bündel. Man könnte erwarten, daß die Leistung der 100 Leitungen gleich der Summe der Leistungen von 10 einzelnen Zehnerbündel sei, nämlich 10 mal $3,3 = 33$ Belegungsstunden. Das setzt aber voraus, daß jedes Zehnerbündel in der gleichen Stunde gerade seine eigene HVSt. habe. Das ist naturgemäß nicht der Fall, denn einige der Bündel werden weniger als diese Belastung aufweisen, und mehr als diese Leistung von 3,3 Belegungsstunden darf man ja einem Zehnerbündel nicht zumuten, wenn die Verluste nicht

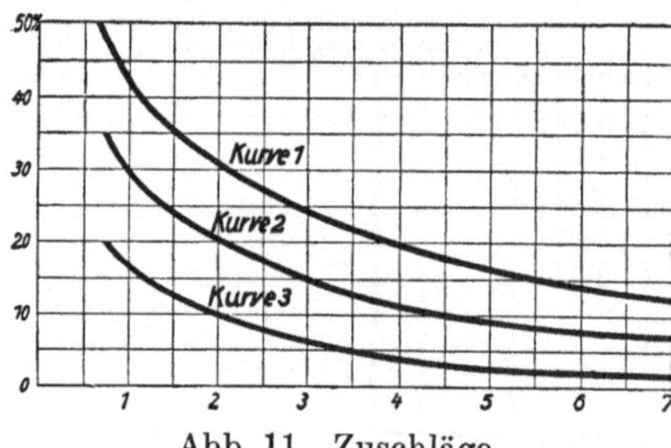

Abb. 11. Zuschläge.

zu groß werden sollen. Wenn man den Verkehr des ganzen Stranges von Verbindungsleitungen in der HVSt. des Stranges mißt, so erhält man weniger als die Summe von 10 Zehnerbündeln, und zwar nur 25 Belegungsstunden, also je Leitung nur 15 Min. Umgekehrt, wenn man einen gegebenen Verkehr über getrennte Bündel leiten will, so entfällt auf das einzelne Bündel nicht ein proportionaler Teil, sondern man muß das einzelne Bündel mit mehr als diesem Teil berechnen. Die Linie *c* stellt die Leistungen bei getrennter Bündelung dar.

Die Abb. 11 stellt die „Zuschläge" dar, die man bei Unterteilung oder Trennung eines Verkehrs in mehrere unabhängige Bündel zum Mittelwert machen muß, wenn der Verlust $^1/_{1000}$ nicht überschreiten soll. Angenommen ein Gesamtverkehr von 25 Belegungsstunden soll in 10 Bündel eingeteilt werden, z. B. von den II. GW zu LW. Der rechnerische Mittelwert je Bündel ist 2,5 Belegungsstunden. Die Schaulinie Kurve 1 (d. h. die Trennung des Verkehrs in

10 Teile) sagt nun, daß man einen Zuschlag von 27,5 $^0/_0$ machen muß, um auf den Verkehr in der HVSt. der 100er Gruppe zu kommen. Man muß den Verkehr in der HVSt. des Teiles also mit 2,5 mal 1,275 = 3,2 Belegungsstunden rechnen.

Umgekehrt, wenn man kleine Verkehrsmengen zu einem großen Verkehr zusammensetzt. In der Abb. 5 wird der Verkehr von 20 Hundertergruppen zu einem großen Verkehr einer 2000er-Gruppe zusammengefaßt. Wenn in jeder Hundertergruppe ein Verkehr von 3,3 Belegungsstunden (gleich dem Verkehr eines Zehnerbündels bei $^1/_{1000}$ Verlust) in der HVSt. der einzelnen Gruppen herrscht, so hat die HVSt. der großen (2000er) Gruppe nicht 20 mal 3,3 = 66 Belegungsstunden, sondern nur $\dfrac{66}{1,32} = 50$ Stunden, weil die HVSt. der Einzelgruppen nicht auf die gleiche Tageszeit fallen.

Diese Verhältnisse sind hier sehr ausführlich geschildert worden, weil das Verständnis dafür etwas schwer zu erwecken ist. Die späteren Abschnitte (siehe S. 101) sprechen noch rechnerisch davon.

Außer von Langer sind noch andere Mitteilungen über andere Messungen erschienen. Diese werden an Ort und Stelle erläutert werden.

II. Entwicklung der Grundgleichungen aus der Anschauung.

Übersicht.

Die theoretischen Gleichungen können aus den bekannten Gleichungen der Wahrscheinlichkeitsrechnung entwickelt werden. Das Denken des Technikers ist mehr auf Anschaulichkeit gegründet. Im Abschnitt II werden daher die Grundgleichungen unmittelbar aus Verkehrsaufzeichnungen entwickelt.

A. Einige Sätze der Wahrscheinlichkeitstheorie.

Hat man sich entschlossen, die Wahrscheinlichkeitsrechnung auf eine Aufgabenstellung anzuwenden, so kann man die bekannten Lehrsätze verwenden. Die Wahrscheinlichkeitsrechnung ist bisher nur in der theoretischen Physik viel verwendet worden, ist aber noch nicht Hilfsmittel der Techniker geworden. Dem Techniker wird es sehr schwer, ungewohnte mathematische Sätze handwerksmäßig zu gebrauchen, wenn ihm ihre Bedeutung nicht anschaulich gemacht wird. Im folgenden werden einige der bekannten Sätze der Wahrscheinlichkeitstheorie (Bernoulli und Poisson) aus der Anschauung so entwickelt, daß ihre technische Bedeutung klar hervortritt. Die Überlegung beginnt mit scharf bestimmten Aufgaben, und es zeigt sich, daß die gemachten Annahmen für den allgemeinen Fernsprechverkehr zu eng sind. Dann werden einige einengende Bedingungen fallen gelassen und Gleichungen in der Form des Bernoullischen Ansatzes entstehen, die auf besondere Arten des Fernsprechverkehrs („Vielsprecher") passen. Nach einem weiteren Hinausschieben der Grenzen entstehen Gleichungen in der Form von Poisson, die dem gewöhnlichen Fernsprechverkehr entsprechen. Die Form der Ausgangsbetrachtungen weist auch den Weg zur Aufstellung von Gleichungen für besondere Fälle, die mit den bisher bekannten Gleichungen nicht zu fassen sind. In späteren Abschnitten tritt die rein mathematische Entwicklung der Gedanken schärfer hervor.

Zunächst seien einige einfache Sätze der Wahrscheinlichkeitstheorie wiedergegeben:

Der Satz des Entweder-Oder. Wenn bei einem Versuch entweder ein Vorfall mit der Wahrscheinlichkeit w_1 oder ein anderer Vorfall mit der Wahrscheinlichkeit w_2 eintritt, so ist die Wahrscheinlichkeit des Ereignisses gleich der Summe der beiden Wahrscheinlichkeiten $w_1 + w_2$. Die Wahrscheinlichkeit, daß beim Würfeln mit einem Würfel die Zahl 2 oben liegt, ist $^1/_6$; die Wahrscheinlichkeit, daß entweder die 2 ($w_1 = {}^1/_6$) oder die 3 ($w_2 = {}^1/_6$) oben liegt, ist $w_1 + w_2 = {}^1/_3$.

Der Satz des Sowohl-Alsauch. Wenn ein Ereignis nur unter mehreren Bedingungen eintreten kann, und zwar unter der ersten Bedingung mit der Wahrscheinlichkeit w_1, unter der zweiten Bedingung unter der Wahrscheinlichkeit w_2 usw., so ist die Wahrscheinlichkeit für das Eintreten des Ereignisses gleich dem Produkt $w_1 \cdot w_2$. Wenn man einen Würfel auf einen Tisch mit 100 gleichen Quadraten wirft, so ist die Wahrscheinlichkeit, daß er sowohl in einem bestimmten Quadrat liegen bleibt ($^1/_{100}$), als auch eine gerade Augenzahl aufweist ($^1/_2$) gleich $^1/_{200}$. Bei der Anwendung dieser Regel muß man aufs strengste darauf achten, daß die verschiedenen Wahrscheinlichkeiten voneinander unabhängig sind. Wären einige der vorhin genannten Quadrate mit Eisen belegt und der Würfel aus magnetischem Stahl, so wäre für diese Quadrate eine Abhängigkeit zwischen den beiden Wahrscheinlichkeiten gegeben. Ein Beispiel für die irrtümliche Verwendung des Produktensatzes mit voneinander abhängigen Wahrscheinlichkeiten wird Seite 32 besprochen.

Die andere Voraussetzung des Produktensatzes (nämlich: ein und dasselbe Ereignis ist gleichzeitig mehreren Bedingungen unterworfen) wird ebenfalls manchmal nicht beachtet. Ein sehr lehrreiches Beispiel einer solchen irrtümlichen Anwendung ist für die Theorie der Besetztmeldungen gemacht worden, die im Abschnitt IV Seite 37 behandelt und richtiggestellt wird.

Weitere Grundregeln der Wahrscheinlichkeitsrechnung, wie die Ansätze von Bernoulli, Poisson und anderen können selbstverständlich auch für die Fernsprechtheorie angewandt werden. Große Dienste wird uns der Bernoullische Ansatz leisten, wenn es sich um die Wahrscheinlichkeit des Eintretens von Ereignissen bei Wiederholungen von Versuchen handelt. Diese Methoden werden späterhin noch eingehend behandelt.

Mathematische Erwartung. Der Zahlenwert eines Ereignisses sei x, und die Werte x_0, x_1 bis x_n seien möglich, die zugehörigen Wahrscheinlichkeiten seien $w_1, w_2, \ldots$, dann nennt man die Summe der Produkte $\Sigma x \cdot w_x$ die mathematische Erwartung des Ergebnisses. Die mathematische Erwartung ist ein Mittelwert, den man bei einer beliebigen Stichprobe erwarten kann. Bei einem Wurf mit einem Würfel kann man die Augenzahl $\frac{1}{6}(1 + 2 + 3 + 4 + 5 + 6) = 3{,}5$, d. h. 3 Augen oder 4 Augen erwarten.

B. Grundgleichungen für den Gleichzeitigkeitsverkehr.

Aufgabe: Gegeben sind s Anschlüsse, c Belegungen in der HVSt., zu t Stunden Belegungsdauer. Gewünscht wird eine Angabe, wie oft man gerade $0, 1, 2, \ldots, x$ gleichzeitig bestehende Verbindungen beobachten wird. Um die Aufgabe recht anschaulich zu machen, wollen wir annehmen, daß ein Lämpchen leuchte, solange eine Verbindung besteht. Nun mache man 36000 Kinobildchen in der Stunde und frage, wie viele dieser Bildchen zeigen gerade x leuchtende Lämpchen.

In der Abb. 6, die aus einer Anregung von Dr. Spiecker entstand, stellt die Abszissenachse die HVSt. von 10^{h} bis 11^{h} dar. Auf ihr sind $1/t$ Abschnitte aufgetragen; für $t = {}^1/_{40}$ also 40 Belegungsdauern. Auf der Ordinate sind S Teilnehmer aufgetragen. Jeder Teilnehmer kann in einer Stunde $1/t = 40$ mal sprechen, wenn jede Belegung ${}^1/_{40}$ Stunde dauert. Alle Teilnehmer zusammen können also S/t Belegungen erzeugen, bei $S = 50$ und $t = {}^1/_{40}$, also 2000; sie nützen aber nur c z. B. $= 80$ dieser Möglichkeiten aus, die in der Abb. 6 schwarz angegeben sind. M ist nun eines der Kinobildchen, das gerade $x = 4$ Lämpchen leuchtend zeigt. Um die Wahrscheinlichkeit w_4 zu bilden fragt man, wie oft beim Verschieben des Striches M gerade $x = 4$ geschwärzte Rechtecke auf M fallen. Man bilde einen echten Bruch, dessen Zähler angibt, wie viele Anordnungen diese Aufgabe erfüllen und dessen Nenner angibt, wie viele Anordnungen überhaupt möglich sind.

Zähler. Der Strich M schneidet S Rechtecke, aus welchen beliebige $x = 4$ geschwärzt sein dürfen. Das ergibt $\binom{S}{x}$ günstige Fälle. Nun muß man noch vorschreiben, daß keine der übrigen $c - x$ Verbindungen vom Strich M getroffen werde. Da jede Verbindung gerade $1/t$ Stunde dauert, so wird eine Verbindung vom Strich M getroffen, wenn sie irgendwo in dem Bande von der Breite t, das gerade vor dem Strich M liegt, beginnt. Ist dieses Band von S Rechtecken verboten, so dürfen sich die restlichen $c - x$ Belegungen nach Belieben auf die noch verfügbaren $S/t - S$ Sprechmöglichkeiten verteilen. Das ist möglich auf $\binom{S/t - S}{c - x}$ Arten. Da nun zu jeder Art $\binom{S}{x}$ jede Verteilung $\binom{S/t - S}{c - x}$ treten kann, ist die Anzahl der für unsere Aufgabe günstigen Anordnungen

$$\text{gleich} \quad \binom{S}{x} \binom{S/t - S}{c - x}.$$

Nenner. Der Nenner kann auf zwei Arten gebildet werden.

a) Möglich sind alle Arten, wie die c Belegungen sich auf die S/t Sprechmöglichkeiten verteilen, also sind möglich $\binom{S/t}{c}$ Arten der Verteilung.

b) Auf den Strich M können entweder 0 oder 1, oder 2, oder bis zu S Belegungen fallen. Der Nenner ist also

$$\sum_{x=0}^{x=S} \binom{S}{x} \binom{S/t - S}{c - x}.$$

Die gesuchte Wahrscheinlichkeit wird also

$$w_x = \frac{\binom{S}{x}\binom{S/t - S}{c - x}}{\binom{S/t}{c}} = \frac{\binom{S}{x}\binom{S/t - S}{c - x}}{\sum \binom{S}{x}\binom{S/t - S}{c - x}} \tag{1}$$

Daß die beiden Nenner einander gleich sind, weist Netto im Lehrbuch der Kombinatorik S. 15 allgemein nach.

Die Gleichung mit der Summenformel ist für die Berechnung mit dem Rechenschieber sehr bequem (siehe Anhang), die andere Form ist bequemer, wenn man eine log. Zahlentafel für Fakultäten besitzt. Im Anhang ist die Aufgabe durchgeführt für $S = 50$, $c = 80$, $t = {}^1\!/_{40}$. Man erhält folgende Zahlenreihe:

Zahlentafel 1.

	1	2	3
		x 36 000 = Kinobildchen	x 3600 = Sekunden
0	0,1389	5010	501
1	0,2596	9340	934
2	0,2870	10340	1034
3	0,1813	6520	652
4	0,0875	3150	315
5	0,0326	1175	117,5
6	0,0098	354	35,4
7	0,0024	86	8,6
8	0,0005	18	1,8
9	0,00009	3	0,6
10	0,00001	1	0,1
		36 000	3600

In der Reihe 1 stehen die Wahrscheinlichkeiten, wie sie im Anhang berechnet sind. $w_2 = 0{,}2870$ bedeutet nun, daß 0,2870 aller Kinobildchen, also $0{,}2870 \cdot 36\,000 = 10\,340$ Kinobildchen gerade zwei leuchtende Lämpchen zeigen. Da nun je 10 Kinobildchen gleich einer Sekunde sind, so bedeutet $w_2 = 0{,}2870$ allgemeiner, daß in der Beobachtungsstunde gerade $0{,}2870 \cdot 3600 = 1034$ Sekunden lang gerade zwei Belegungen gleichzeitig bestehen.

Die Bedeutung der Wahrscheinlichkeit w_x aus der Gleichung 1 ist also eine Zeit, d. h. der Bruchteil der beobachteten Stunde, währenddessen gerade x Belegungen gleichzeitig bestehen.

Erste Erweiterung der Gleichung 1. Vergleicht man die Ergebnisse der Gleichung 1 mit der Erfahrung, so erweisen sich die Zeiten für mittlere Werte von x, z. B. w_3, als zu lang und die Werte für große x, z. B. w_{10}, als zu kurz. Der Grund liegt darin, daß Messungen in einer einzigen Stunde für $S = 50$, $c = 80$, $t = {}^1/_{40}$ naturgemäß nicht gerade die Mittelwerte ergeben, und eine große Reihe von Messungen für c genau $= 80$ und $t =$ genau ${}^1/_{40}$ können nicht gemacht werden, weil der Fernsprechverkehr nicht so gleichmäßig verläuft. Die Voraussetzungen für die Gleichung 1 sind zu schroff. Wir erweitern die Grenzen, indem wir nicht eine Stunde, sondern unendlich viele Stunden der Beobachtung zugrunde legen, wobei wir annehmen, daß der Verkehr im großen und ganzen gleich stark bleibe.

Diese Annahme wird so erfaßt:

In sehr langer Beobachtungszeit wird die Belegungszahl c sehr groß und die Belegungsdauer t (das Verhältnis einer Belegungsdauer zur ganzen Beobachtungszeit) wird sehr klein, aber das Produkt

$c\,t = y$ bleibt endlich. Wir machen Gebrauch von dem bekannten Grenzübergang:

$$\frac{a!}{(a-b)!} = a^b$$

$$\lim a = \infty$$
$$b = \text{endlich.}$$

Die Gleichung 1 lautet in Fakultäten ausgedrückt und etwas geordnet:

$$w_x = \binom{S}{x} \frac{(S/t - S)!}{(S/t)!}\; \frac{c!}{(c-x)!}\; \frac{(S/t - c)!}{(S/t - c - (S-x))!}$$

$$\lim t = 0$$
$$\lim c = \infty$$
$$c\,t = y$$

$$= \binom{S}{x} \frac{c^x}{(S/t)^S}\, (S/t - c)^{S-x}$$

$$= \binom{S}{x} \left(\frac{c}{S/t - c}\right)^x \left(\frac{S/t - c}{S/t}\right)^S$$

$$= \binom{S}{x} \left(\frac{\dfrac{c\,t}{S}}{1 - \dfrac{c\,t}{S}}\right)^x \left(1 - \frac{c\,t}{S}\right)^S$$

Nun führe ich die Bezeichnung ein $z = \dfrac{c\,t}{S} = \dfrac{y}{S}$, d. h. die mittlere Belastung je Anschluß:

$$w_x = \binom{S}{x} z^x (1-z)^{S-x}. \tag{2}$$

Die Gleichung 2 hat die Form des Bernoullischen Ansatzes, der zum Bernoullischen Theorem führt und lautet:

Wenn die Wahrscheinlichkeit des Eintretens eines Ereignisses $= p$ ist, somit die Wahrscheinlichkeit des Nichteintretens $= 1 - p$, so ist die Wahrscheinlichkeit w_x, daß das Ereignis bei n Versuchen x mal eintritt:

$$w_x = \binom{n}{x} p^x (1-p)^{n-x}.$$

Nun ist z die Wahrscheinlichkeit, daß ein Teilnehmer spricht, und $1 - z$, daß er nicht spricht. Untersucht man S Teilnehmer, so ist die Wahrscheinlichkeit, daß gerade x Teilnehmer sprechen, gegeben durch die in Gleichung 2 gezeigte Form des Bernoullischen Ansatzes.

Aus der Ableitung der Gleichung 2 ersieht man, daß die enge Grenze der Gleichung 1 (genau c Belegungen von der Dauer t in einer Stunde) gefallen ist. Man kann die Gleichung 2 für kleinere Werte von S ebenfalls mit dem Rechenschieber berechnen. Die Reihe III in Tafel 2 zeigt die mit Gleichung 2 berechneten Werte für w_x (siehe Anhang). Die Werte werden weiter unten besprochen. Die Deutung von w_x als einer Zeit bleibt für Gleichung 2 bestehen, wie für Gleichung 1.

Zweite Erweiterung der Gleichung 1. Setze in Gleichung 2 $S = \infty$. Dann wird:

$$w_x = \frac{S!}{x!(S-x)!} \left(\frac{y}{S}\right)^x \left(1 - \frac{y}{S}\right)^S \qquad \lim S = \infty$$

$$= \frac{1}{x!} S^x \frac{y^x}{S^x} e^{-y},$$

worin $e = 2{,}71828\ldots$, also

$$w_x = e^{-y} \frac{y^x}{x!}. \tag{3}$$

Diese Wahrscheinlichkeitsform hat Poisson in seinem Werk[1]) entwickelt. Das Poissonsche Problem lautet: Wenn ein Ereignis um einen Mittelwert y schwankt, so nimmt es den Wert x mit einer Wahrscheinlichkeit an, welche durch Gleichung 3 ausgedrückt ist. Auch diese Gleichung kann mit einer log Tafel oder dem Rechenschieber berechnet werden (siehe Anhang). Die Werte w_x ergeben die in Reihe IV der Tafel 2 gezeigten Ziffern.

Aus der Ableitung der Gleichung 3 durch zwei Erweiterungen aus Gleichung 1 und 2 erkennt man die Bedeutung von w_x aus der Gleichung 3 als der Zeit des gleichzeitigen Bestehens von x Belegungen unter der Voraussetzung, daß sehr viele Teilnehmer während sehr vieler Stunden durchschnittlich in einer Stunde y Belegungsstunden erzeugen.

Besprechung der Gleichungen 1, 2, 3.

Für die Aufgabe $S = 50$, $c = 80$, $t = {}^1/_{40}$ erhält man die Wahrscheinlichkeit w_x für das gleichzeitige Bestehen von gerade x Belegungen:

---

[1]) Poisson: „Recherches sur la probabilité des jugements" 1837.

Zahlentafel 2.

I	II	III	IV
x	aus Gleichung 1	aus Gleichung 2	aus Gleichung 3
0	0,1389	0,1298	0,1353
1	0,2596	0,2701	0,2707
2	0,2870	0,2758	0,2707
3	0,1813	0,1840	0,1804
4	0,0876	0,0902	0,0902
5	0,0326	0,0345	0,0361
6	0,0098	0,0108	0,0120
7	0,0024	0,0028	0,0034
8	0,00050	0,00063	0,00086
9	0,00009	0,00012	0,00019
10	0,000014	0,00002	0,000038

Genau 10 Verbindungen stehen also:

nach Gleichung 1	0,05	Sekunden	lang
„ „ 2	0,072	„	„
„ „ 3	0,137	„	„

Die Unterschiede sind einfach zu erklären. Es ist zu erwarten, daß von sehr vielen Teilnehmern (S sehr groß) öfter 10 gleichzeitig sprechen, als von nur $S = 50$ Teilnehmern. Ferner ist zu erwarten, daß in einer sehr langen Beobachtungszeit von $S = 50$ Teilnehmer öfter gerade 10 sprechen, als daß man in einer einzigen Stunde diesen verhältnismäßig seltenen Zustand gerade antrifft. Die Gleichung 1 deckt den wirklichen Verkehr nicht. Gleichung 2 wird (siehe S. 38) gebraucht für „Starksprecher", d. h. für Gruppen (z. B. Börsenanschlüsse), für welche die ziemlich scharfe Bedingung gilt, daß sehr wenige Teilnehmer sehr viel sprechen. Gleichung 3 stimmt mit dem wirklichen allgemeinen Fernsprechverkehr gut überein, wie späterhin ausführlich gezeigt wird.

III. Verluste.

Übersicht.

Es sind zwei grundverschiedene Arten, „Verluste" anzugeben, üblich geworden.

a) Der Verlust ist der Teil, der in einer HVSt. entstehenden Belegungen, welcher aus Mangel an freien Wegen nicht erfolgreich ist.

Diese Begriffsbestimmung der Verluste ist für Systeme anzuwenden, von welchen das bekannteste (Strowger) Seite 5 beschrieben wurde.

Wenn in der Zeit der Belegungen aller Wege („Gefahrzeit") noch ein weiterer Anruf eintrifft, so geht er verloren.

b) Es gibt aber auch Systeme, in welchen entstehende Belegungen bei Mangel an freien Wegen eine Zeitlang „aufbewahrt" oder „gespeichert" und beim Freiwerden von Wegen wunschgemäß erledigt werden. Solche Verbindungen gehen also nicht eigentlich „verloren", sondern sie erleiden „Verzögerungen". Das ergibt „Wartezeiten".

A. Verlorene Belegungen.

Die eigentlichen Verluste (a) werden folgendermaßen berechnet: Beispiel: $s = 50$; $c = 80$; $t = {}^1/_{40}$, also $y = 2$; die Zahl der Verbindungswege sei $v = 7$. Zunächst berechne mit Gleichung 3 die Zeit („Gefahrzeit"), während welcher genau 7 Verbindungen stehen:

$$w_7 = 0,0034 \text{ Stunden.}$$

Es kann nun vorkommen, daß von den übrigen noch nicht verfügten $c - v = 80 - 7 = 73$ Belegungen keine, oder 1 oder mehrere in diese Gefahrzeit hineinfallen.

Wenn keine der restlichen Belegungen in die Gefahrzeit fällt, tritt kein Verlust ein, wenn 1 oder 2 oder noch mehr der restlichen Belegungen in die Gefahrzeit fallen, so gehen sie verloren (oder sie müssen auf die Erledigung warten, je nachdem das Wählersystem ohne oder mit Speicherung ausgerüstet ist).

Die Wahrscheinlichkeit, daß eine Belegung in diesen Zeitabschnitt hineinfällt, ist $w_7 = 0,0034$, daß sie nicht hineinfällt, ist $1 - w_7 = 0,9966$. Man „versucht" nun $c - v = 73$ mal, ob eine Belegung hineinfällt. Dann ist die Wahrscheinlichkeit W_x, daß Belegungen hineinfallen (Bernoulli),

$$W_x = \binom{c - v}{x} w_v^x (1 - w_v)^{c-v-x}$$

$$= \binom{73}{x} 0,0034^x \, 0,9966^{73-x}.$$

Berechne nun die Wahrscheinlichkeit, daß keine der 73 Belegungen in die Gefahrzeit hineinfalle:

$$W_0 = 0,9966^{73} = 0,7799,$$

dann ist $1 - W_0 = 0,2211$ die Wahrscheinlichkeit, daß eine oder beliebig viele Belegungen in die Gefahrzeit fallen. Die Wahrscheinlichkeit von Verlusten ist nun eine zusammengesetzte: es müssen sowohl gerade 7 Belegungen vorliegen w_7, als auch weitere Belegungen in die Gefahrzeit fallen $(1 - W_0)$. Dann ist die Wahrscheinlichkeit von Verlusten:

$$w_{\text{Verlust}} = w_v (1 - W_0),$$

worin

$$w_v = e^{-y}\frac{y^v}{v!}$$

und

$$W_0 = (1 - w_v)^{c-v}$$

$$y = ct \text{ in Belegungsstunden,}$$

$$c = \text{Belegungen in der HVSt.,}$$

$$v = \text{Verbindungswege.}$$

Im Beispiel wird

$$w_{\text{Verlust}} = 0{,}0034 \cdot 0{,}2211 = 0{,}00074,$$

d. h. es gehen $0{,}74\,^0/_{00}$, also $0{,}00074 \cdot 80 = 0{,}06$ Verbindungen verloren.

Anstatt W_x mit der Bernoullischen Gleichung zu berechnen, benutzt man aus den mehrfach angegebenen Gründen besser die Poissonsche Form. Es sind noch $c - v$ Belegungen verfügbar. Man bilde $y' = (c - v)\,\text{Gefahrzeit} = (c - v) \cdot w_v$ und berechne $W_0 = e^{-y'}$. Wiederum ist $1 - W_0$ die Wahrscheinlichkeit, daß von den noch verfügbaren $c - v$ Belegungen eine oder mehrere in die Gefahrzeit fallen und verloren gehen. Die Wahrscheinlichkeit des Verlustes ist dann:

$$w_{\text{Verlust}} = e^{-y}\frac{y^v}{v!}\left(1 - e^{-(c-v)w_v}\right), \qquad (4)$$

worin

$$y = ct,$$

$$v = \text{Zahl der Verbindungswege,}$$

$$c = \text{Belegungen in der HVSt.,}$$

$$w_v = e^{-y}\frac{y^v}{v!};$$

für das Beispiel $s = 50$; $c = 80$; $t = {}^1/_{40}$; $v = 7$ erhält man:

$$w_v = 0{,}0034,$$

$$(c - v)\,w_v = 73 \cdot 0{,}0034 = 0{,}2509,$$

$$W_0 = e^{-0{,}2509} = 0{,}7780,$$

$$w_{\text{Verlust}} = 0{,}0034 \cdot 0{,}222 = 0{,}00075,$$

also nahezu das gleiche, wie mit Bernoulli gerechnet.

B. Vergleich der Verlustgleichung 4 mit der Erfahrung.

Die Langerschen Schaulinien geben die Leitungszahlen für einen Verlust 0,001 an. Zum Vergleich berechnet man die Verluste mit der Gleichung 4 in der nächsten Nähe unter und über 0,001, zieht eine Kurve und liest daraus die genaue Leitungszahl für 0,001 Verlust ab; z. B.:

$$y = 5 \text{ Belegungsstunden.}$$

Leitungszahl v	Gefahrzeit w_v	Wahrscheinlichkeit des Hineinfallens: $1 - W_0$	Verlust
11	0,00824	0,79	0,00648
12	0,00343	0,48	0,00158
13	0,00132	0,22	0,00029

Der Verlust ist genau $= 0,001$ für $v = 12,4$ Leitungen. Für $y = 5$ gibt Langer $v = 13$ Leitungen an. Die Theorie ergibt in diesem Gebiete also zu kleine Leitungszahlen. Für $y = 75$ Belegungsstunden und $v = 100$ Leitungen erhält man:

$$w_v = 0,00092; \quad 1 - W_0 \sim 1, \text{ also Verlust} = 0,00092.$$

Für $y = 75$ gibt Langer $v = 100$ Leitungen an. In diesem Gebiete gibt die Theorie also eine ein klein wenig zu hohe Leitungszahl an.

Die Unterschiede sind auf Störungen durch lange Belegungen zurückzuführen. Die Gefahrzeit wurde mit der Poissonschen Gleichung berechnet. Diese gilt (siehe S. 42) nur streng, wenn die Belegungsdauer einem bestimmten Exponentialgesetz folgt. Die Teilnehmer befolgen dieses Gesetz erfahrungsgemäß nicht streng. Bei kleinen Belastungen (also $y \leq 10$ Stunden) stören lange Belegungen die Verteilung und die durchschnittlichen Leistungen der Vielfachfelder werden kleiner. Bei großen Belastungen verschwindet der Einfluß der Störungen durch die theoretisch unzulässigen langen Belegungen. Es ist selbstverständlich unmöglich, diese Abweichungen im Benehmen der Teilnehmer theoretisch zu erfassen. Man kann nur rückwärts aus dem Vergleich der Langerschen Angaben mit der Theorie berechnen, wie groß der Einfluß der Störungen ist. Für ganz kleine Belastungen sind die Langerschen Kurven extrapoliert, also nicht genau gemessen. Unter diesen Voraussetzungen nicht streng genauer Ausgangswerte findet man folgende Werte:

Die Belastung y als Ausgangswert für die Verlustrechnung mit Gleichung 4 muß vergrößert werden, um:

y	Zuschlag $^0/_0$	setze ein: y''
1	17	1,17
3,25	14	3,70
5	10	5,50
10	8	10,80
21	0,5	21,1

damit die Rechnung die Langerschen Werte ergibt.

Die Gleichung 4 gilt natürlich nur so lange, als die Verluste die Verteilung nicht verändern. Angenommen man berechne $25\,^0/_0$ Verlust. Dann würden $25\,^0/_0$ aller Verbindungen nicht zustande kommen. Die mit der Gesamtheit aller Belegungen berechnete Gefahrzeit w_v wäre falsch. Diese Einschränkung bedeutet aber keinen Nachteil der Gleichung 4, weil ja die Verluste stets nur einige Tausendstel betragen sollen. Der Verlust ist so klein, daß die Verteilung sich gegenüber dem vollen Verkehr nicht ändert. Für besondere Fälle (Besetztanrufe) muß man aber diese Erscheinung sehr wohl beachten.

C. Leitungsberechnung nach Christensen.

P. V. Christensen[1] geht auf Grund von Arbeiten von Erlang vom mittleren quadratischen Fehler aus. Eine um einen Mittelwert schwankende Erscheinung kann sehr verschieden gekennzeichnet werden. Im allgemeinen bildet man eine mathematische Erwartung aus den Größen der Abweichungen und ihren Häufigkeiten. Da Erscheinungen unter und über dem Mittelwert vorkommen, sind die Abweichungen positiv und negativ. Gauß quadrierte die Abweichungen und bildete so den „mittleren Fehler". Wenn eine schwankende Erscheinung dem Poissonschen Gesetz mit dem Parameter y folgt, so ist ihr mittlerer Fehler $= \sqrt{y}$ (siehe S. 100).

Man kann nun die Zahl der Leitungen für eine gegebene Belastung und vorgeschriebenen Verlust berechnen. Das Ergebnis kann als Kurvenschar dargestellt werden, welche mit den Langerschen Kurven übereinstimmen, oder man kann für die Leitungszahl v eine Gleichung angeben:

$$v = y + \varkappa \sqrt{y}\,, \tag{5}$$

$v =$ Leitungszahl, $y =$ Belastung in Belegungsstunden, $\varkappa =$ ein Faktor, der angibt, wie oft man den mittleren quadratischen Fehler $\sqrt{y}$ zum Mittelwert y zuschlagen muß, wenn die Erscheinung (z. B. v Belegungen bei y Stunden Belastung) nur mit der vorgeschriebenen Häufigkeit (0,001; 0,004 usw.) überschritten werden soll. Christensen und Erlang haben die Werte $\varkappa$ berechnet.

Für $1\,^0/_{00}$ Verlust geben sie an:

$y =$	1	3	5	10	20	40	80
$\varkappa =$	4,74	4,08	3,88	3,66	3,53	3,38	3,30

$$\text{z. B.}\quad v = 3{,}3 + 4\sqrt{3{,}3} = 10{,}6,$$

für $y = 3{,}3$ gibt Langer 10 Leitungen an,

$$v = 75 + 3{,}31\sqrt{75} = 104,$$

für $y = 75$ gibt Langer 100 Leitungen an.

---

[1] ETZ 1913, S. 1314.

Die Werte von Christensen ergeben somit etwas zu hohe Leitungszahlen.

Die Gleichung $v = y + \varkappa \sqrt{y}$ ist für schnelle Nachrechnung im Kopfe sehr bequem. Man muß sich nur die beiden Grenzwerte ($\varkappa = 4{,}20$) für kleine Belastungen und $\varkappa = 2{,}8$ für große Belastungen) merken.

Eine ähnliche Darstellung des Zusammenhanges zwischen Belastung und Leitungszahl hatte schon früher W. L. Campbell[1]) gewählt. Er hatte Messungen durch die Gleichung $v = y + 2{,}8 \sqrt[3]{y}$ erfaßt, wobei sich aber zu kleine Leitungszahlen ergeben. Er vergrößerte den Zuschlag und die Campbellsche empirische Gleichung lautet jetzt $v = y + 3{,}875 \sqrt[3]{y}$.

Die damit berechneten Leitungszahlen sind etwas kleiner, als die neueren Messungen und Theorien verlangen.

D. Verlustrechnung nach W. H. Grinsted[2]).

W. H. Grinstedt hatte 1907 die nachfolgende Theorie ausgearbeitet, aber erst 1915 veröffentlicht. Er hat seine Theorie in kleinerem Kreise bekannt gemacht und so viele Anregung gegeben. Grinstedt geht von einem Bernoullischen Ansatz aus und entwickelt durch einen Grenzübergang die Gleichung 3 (Poisson). Als Verlust berechnet Grinsted die mathematische Erwartung des Überschusses des unbeschränkten Verkehrs über den durch die Zahl der Wege beschränkten Verkehr wie folgt:

w_{v+1} ist die Zeit, während welcher $v + 1$ Wege belegt sein sollten. Da nur v Wege vorhanden sind, geht der auf die $v + 1^{\text{ten}}$ Leitung entfallende Anteil verloren. Entsprechend für w_{v+n}. Der Verlust ist

also gleich $\sum\limits_{x=v+1}^{\infty} (x - v)\, e^{-y} \dfrac{y^x}{x!}$.

R. Holm hat an dieser Gleichung Kritik geübt. Darüber siehe Seite 63.

Die Grinstedsche Bestimmung der Verluste hat sich nicht eingebürgert.

E. Verluste im Relaissystem der Relay Automatic Telephone Co.

Das Verfahren, die Verluste aus zusammengesetzten Wahrscheinlichkeiten zu berechnen, führt oftmals auf einfachen Wegen zum Ziel.

Die Abb. 12 stellt ein 100er-Amt der Relay Automatic Tel. Co. (London) dar. Die 100 Teilnehmerleitungen S sind in 20 Gruppen

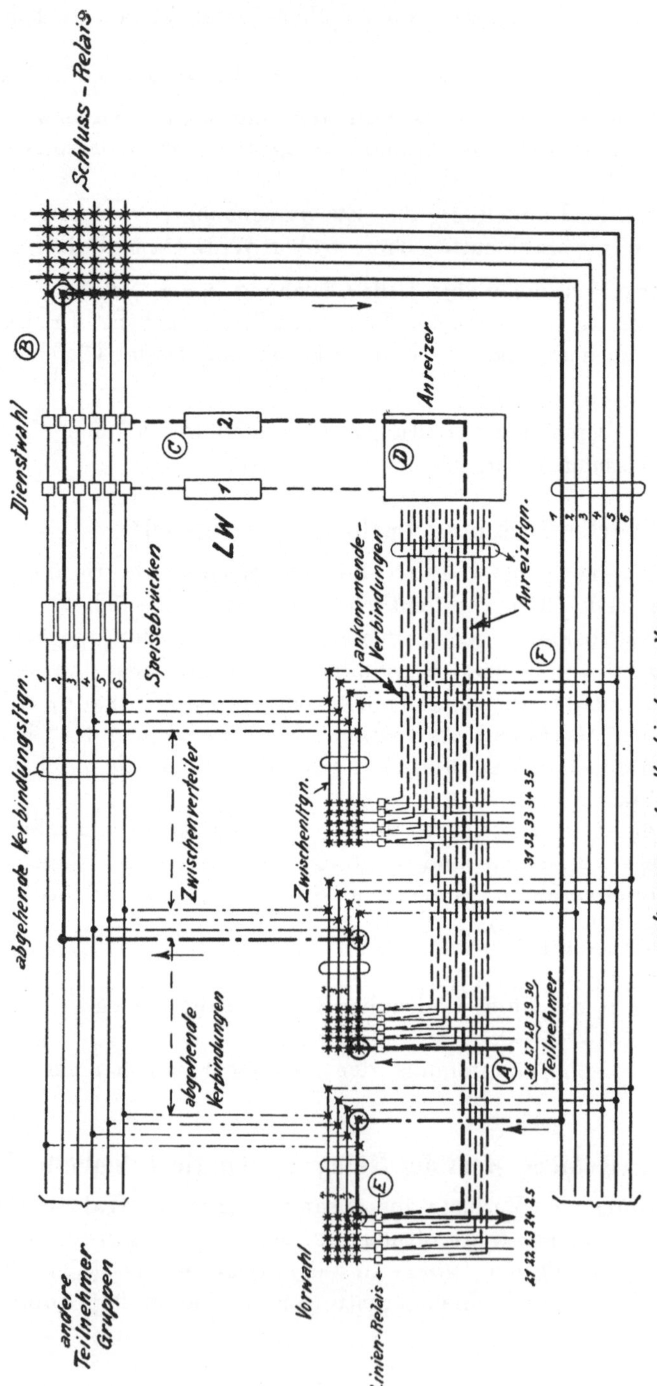

Abb. 12. System der Relay Automatic Telephone Co.

von je 5 Leitungen (00—04; 05—09; usw. 95—99) eingeteilt. Jeder Gruppe sind 4 Hilfsleitungen (Zw. Zwischenleitungen genannt) zugeordnet. Die Verbindung zwischen einer Zwischenleitung und einer Teilnehmerleitung kann durch ein Relais (Stern) hergestellt werden. An die Zwischenleitungen sind ebenfalls über Relais vier abgehende Leitungen (V ab) angezweigt, die ihrerseits in Wählern enden. Ferner sind, ebenfalls über Relais, vier ankommende Verbindungsleitungen (V an) an die Zwischenleitungen angezweigt, die von den Wählern kommen. Eine Verbindung vom Teilnehmer 27 zum Teilnehmer 25 wird so hergestellt: Beim Abheben des Hörers werden die Kupplungsrelais erregt, welche den Teilnehmer über eine freie Zwischenleitung mit der dieser Leitung zugeordneten abgehenden Leitung verbinden. Der Teilnehmer stellt die Wähler in einer hier nebensächlichen Weise ein. Ist die gewünschte 25 frei, so wird die Leitung 25 über eine freie Zwischenleitung und die ihr zugeordnete Verbindungsleitung (V an) an die Wähler angekuppelt. Die 20 Teilnehmergruppen haben zusammen 80 Ausgänge zu — nehmen wir an — 10 abgehenden Wegen. Jede abgehende Leitung ist also an 8 Teilnehmergruppen angeschlossen. Das gleiche gilt für die — angenommen — 10 ankommenden Wege.

Die geschilderte Anordnung kann zu „Klemmungen" führen. Angenommen, es bestehen 3 Verbindungen in einer Gruppe. Es soll nun eine vierte Verbindung hergestellt werden. Sie kann nur zustande kommen, wenn sowohl die letzte Zwischenleitung, als die ihr zugeordnete Verbindungsleitung frei sind.

Verluste treten ein, a) wenn während des Bestehens von 4 Verbindungen der fünfte Teilnehmer ankommend oder abgehend sprechen soll, b) wenn für die Herstellung einer Verbindung zwar Zwischenleitungen frei sind, die zugehörigen Verbindungsleitungen aber durch andere Teilnehmergruppen weggenommen sind.

Annahmen: $S = 100$ Teilnehmer; $s = 5$ Teilnehmer in einer Teilgruppe; $y = 3{,}25$ Bel.-Stunden abgehend, $y = 3{,}25$ Bel.-Stunden ankommend; $t = {}^1/_{40}$. Es ist bekannt, daß für $y = 3{,}25$ V ab $= 10$ und V an $= 10$ Wege haben müssen. Jeder Weg ist also mit $\frac{3{,}25}{10} \backsimeq {}^1/_3$ Stunden belegt. Die Wahrscheinlichkeit, daß bei einem beliebigen Versuch einer der Wege besetzt gefunden wird; ist ${}^1/_3$, daß x Wege besetzt gefunden werden, ist ${}^1/_3{}^x$. Die mittlere Belastung einer Teilgruppe ankommend und abgehend ist $\frac{6{,}5}{20} = 0{,}325$ Bel.-Stunden. Die HVSt. der Teilgruppe ist (siehe Zuschlagskurven) mit rund $y = 0{,}5$ Bel.-Stunden einzusetzen, also $c = \frac{y}{t} = \frac{0{,}5}{{}^1/_{40}} = 20$ Belegungen in beiden Richtungen.

$W_x = e^{-0,5} \dfrac{0,5^x}{x!}$ ist die Wahrscheinlichkeit, daß gerade x Verbindungen in der Teilgruppe vorliegen. Wenn in der Zeit $W_0 = 0,606$ noch 1, 2, 3, 4 ... Verbindungen von den 20 herzustellenden zustande kommen sollen und in dieser Gefahrzeit alle 4 Zwischenleitungen gesperrt sind (Wahrscheinlichkeit dafür ist $^1/_3{}^4 = 0,012$), so treten Verluste ein.

Das Einfallen von etwelchen Verbindungen in die Gefahrzeit W_0 wird so berechnet: keine Verbindung von den 20 herzustellenden fällt mit der Wahrscheinlichkeit $w_0 = \binom{20}{0} 0,606^0 \, 0,394^{20} \backsimeq 0$ in die Gefahrzeit. Mit der Wahrscheinlichkeit $1 - w_0 = 1$ fallen etwelche von den 20 Verbindungen in die Gefahrzeit.

Die Wahrscheinlichkeit von Verlusten in dieser Zeit ist also eine aus drei Wahrscheinlichkeiten zusammengesetzte:

a) daß gerade keine Verbindung besteht ($W_0 = 0,606$),

b) daß etwelche von den 20 herzustellenden Verbindungen in dieser Gefahrzeit erzeugt werden ($1 - w_0 \approx 1$),

c) daß die 4 Zwischenleitungen alle gesperrt sind, $^1/_3{}^4 = 0,012$. Die Verlustwahrscheinlichkeit ist also $0,606 \cdot 1 \cdot 0,012 = 0,0072$.

$W_1 = 0,303$ ist die Wahrscheinlichkeit, daß in der Teilgruppe gerade eine Verbindung besteht. Von den 19 noch herzustellenden Verbindungen fällt keine in diese Gefahrzeit mit der Wahrscheinlichkeit $w_0 = \binom{19}{0} 0,303^0 \, 0,697^{19} \approx 0$, also etwelche fallen hinein mit der Wahrscheinlichkeit $1 - w_0 = 1$. Die 3 noch nicht belegten Zwischenleitungen sind gesperrt mit der Wahrscheinlichkeit $^1/_3{}^3 = 0,037$. Die Verlustwahrscheinlichkeit für diesen Fall ist also $0,303 \cdot 1 \cdot 0,037 = 0,012$.

Man erhält:

x	W_x	w_0	$1 - w_0$	$(^1/_3)^{4-x}$	Verlust
0	0,606	0	1	0,012	0,0072
1	0,303	0	1	0,037	0,012
2	0,0758	0,245	0,755	0,11	0,0064
3	0,0126	0,814	0,19	0,33	0,000....
4	0,00158	0,976	0,024	1	0,000....
					0,0256

$$\text{Verlust} = W_x (1 - w_0) (^1/_3)^{4-x}.$$

Der Verlust bei der angegebenen Anordnung beträgt also $2,56\,^0/_0$.

F. Wartezeiten.

In Systemen, in welchen Verbindungen bei Mangel an freien Wegen aufgespeichert werden, bis ein Weg frei wird, ist es von

Interesse, die **Wartezeiten** für solche Verbindungen zu berechnen. Man geht von den Gefahrzeiten aus.

Über Wartezeiten wegen Mangel an freien Wegen spricht am ausführlichsten Dr. M. Merker[1]). Die Western Electric Co. soll darnach rechnen: bei v Wegen muß eine Verbindung so lange warten, als bei unbeschränktem Verkehr mehr als v Verbindungen gleichzeitig bestehen würden, die Wartezeit ist demnach gleich $\displaystyle\sum_{x=v+1}^{x+\infty} e^{-y}\frac{y^x}{x!}$.

Merker erweitert diesen Gedanken, indem er statt der Summe der einzelnen Zeiten die mathematische Erwartung für den Vorgang einführt:

$$\text{Wartezeit,} = \sum_{x=v+1}^{x=\infty} (x-v)\,e^{-y}\,\frac{y^x}{x!}$$

eine Gleichung, die der Wirklichkeit offenbar besser entspricht, denn wenn 3 Verbindungen warten, so kann nur eine davon einen frei werdenden Weg belegen, die anderen müssen länger warten. Merker vergleicht des weiteren diese Gleichung mit mehr oder weniger glücklichen anderen Vorschlägen und kommt zum Schlusse, daß alle Vorschläge nur sehr wenig verschiedene Ergebnisse liefern, man soll daher die bequemste Gleichung verwenden. Leider sind keine Messungen bekannt geworden, so daß die Gleichung für die Wartezeit nicht nachgeprüft werden kann. Es ist aber zu erwarten, daß ihre Ergebnisse der Wirklichkeit sehr nahe kommen.

Die Berechnung der genannten mathematischen Erwartung kann man folgendermaßen einfach gestalten:

$$\text{Wartezeit} = w_v\left(\frac{y}{v+1} + \frac{2\,y^2}{(v+1)(v+2)} + \frac{3\,y^3}{(v+1)(v+2)(v+3)} + \cdots\right)$$

$$= w_v\frac{u}{1-u^2} = w_v\frac{\dfrac{y}{v+\varkappa}}{1-\left(\dfrac{y}{v+\varkappa}\right)^2}, \tag{6}$$

darin ist $v+\varkappa$ etwas größer als v zu setzen.

IV. Einfluß der Einzelgrößen.

Übersicht:

Die rein kombinatorische Gleichung 1 enthält alle drei maßgebenden Verkehrsgrößen s, c und t; die Bernoullische Gleichung enthält s

---

[1]) Merker, Dr. M.: Post Office El. Eng. Journ., Januar 1924.

und eine Leistung je Anschluß, die Poissonsche Gleichung enthält nur noch die mittlere Belastung y. Sehr oft ist erwünscht, den Einfluß einer dieser Größen allein zu studieren. Ferner ist die Kenntnis der in der Anlage vorgesehenen Zahl der Verbindungswege v nötig. Diese Fragen sind von verschiedenen Schriftstellern behandelt, diese Arbeiten werden durchgesprochen. Als Beispiele werden die Besetztmeldungen angeführt. Besonders wichtig ist der Einfluß der Belegungsdauer. In der Ableitung der grundlegenden Gleichungen ist $t =$ konstant angenommen, was in der Wirklichkeit durchaus nicht zutrifft. Es wird gezeigt, daß die Grundgleichungen (Bernoulli und Poisson) unveränderte Geltung behalten, wenn die Belegungsdauern einem Exponentialgesetz folgen. Erlang hat das gleiche Gesetz durch Messungen gefunden.

A. Einfluß der Zahl der Wege v.

Theorie von A. K. Erlang[1]). Die Wahrscheinlichkeit, daß bei y Belegungsstunden in der HVSt. gerade x Verbindungen bestehen, ist

$$w_x = \frac{\dfrac{y^x}{x!}}{1 + y + \dfrac{y^2}{x!} + \cdots + \dfrac{y^v}{v!}}, \qquad (7)$$

worin　　　　　　　$y =$ Belegungsstunden in HVSt.,

　　　　　　　　　　$v =$ Zahl der Verbindungsleitungen.

Den Beweis für die Richtigkeit dieser Gleichung erbringt Erlang mit dem „Prinzip des statistischen Gleichgewichts". Unter der Voraussetzung sehr vieler Gruppen, in welchen allen je eine Belastung von y Stunden vorliegt, müssen in jedem Augenblick so viele Belegungen verschwinden, als anderswo entstehen. Bildet man die entsprechenden Ausdrücke, so werden sie in der Tat gleich.

Die Erlangsche Gleichung enthält die Zahl v. Vielfach wurde daher die Ansicht vertreten, daß das Erscheinen der Anzahl der Wege die Gefahrzeiten bei der gewählten Zahl v bedeute. Das ist nicht der Fall. Wenn man Zähler und Nenner der Gleichung 7 mit e^{-y} erweitert, so bedeutet der Zähler die Zeit, während welcher (für y) bei unbeschränkter Wegezahl gerade x Verbindungen stehen, und der Nenner bedeutet die Zeit, während welcher (für y) bei unbeschränkter Wegezahl entweder 0 oder 1 oder 2 usw. bis v (also höchstens v) Verbindungen gleichzeitig stehen. Z. B. für $y = 2$ wird $w_4 = 0{,}0902$, d. h. bei unbeschränkter Wegezahl stehen 0,0902 Stunden

---

[1]) Erlang, A. K.: Post Office El. Eng. Journ., Januar 1918.

lang gerade 4 Verbindungen. Setze $v = 4$, so wird der Nenner
$$\sum_{x=0}^{x=4} e^{-2}\, \frac{2^x}{x!} = 0{,}9473.$$ Wieso man aus dem Verhältnis der beiden
Zeiten $0{,}0902 : 0{,}9473$, die sich beide auf unbeschränkten Verkehr
beziehen, irgendeinen Einfluß der 4 Wege auf die Gefahrdauer w_4
herauslesen kann, ist nicht zu erkennen. Es ist richtig, daß für
$v = 4$ die Summe von $w_0 + w_1 + w_2 + w_3 + w_4$ der Erlangschen
Gleichung $= 1$ wird. Aber $w_5 = \dfrac{0{,}0361}{0{,}9473}$ hat auch einen endlichen
Wert. Was soll er denn bedeuten? Man kann doch nicht einfach
weglassen, was einem unbequem ist. Wenn man v so wählt, daß
es ungefähr den Leitungszahlen entspricht, die man mit den früheren
Rechnungsweisen erhält, so ist der Unterschied der vielen Glieder
des Nenners der Gleichung gegen die Größe e so gering, daß man
ohne Fehler mit e^y statt des umständlichen vielgliederigen Nenners
rechnen kann. Dann geht die Gleichung 7 aber in Gleichung 3 über.

W. H. Grinsted[1]) gibt eine andere Ableitung für die Erlangsche Gleichung, die hier besprochen werden soll, weil sie unzulässig
ist. Bei unbeschränktem Verkehr ist die Wahrscheinlichkeit, daß
gerade x Verbindungen bestehen, $w_x = e^{-y}\, \dfrac{y^x}{x!}$. Die Wahrscheinlichkeit, daß die Zahl der gleichzeitigen Verbindungen v nicht übersteigt,
ist $W_v = \sum_{x=0}^{x=v} e^{-y}\, \dfrac{y^x}{x!}$. Gesucht wird die Wahrscheinlichkeit p_x dafür,
daß gerade x Verbindungen stehen, wenn vorgeschrieben wird, daß
höchstens v Verbindungen gleichzeitig stehen können.

Das Zustandekommen von x gleichzeitigen Verbindungen ist den
Bedingungen unterworfen, daß sowohl höchstens v Verbindungen
stehen können $(= W_v)$ als auch, daß bei diesem Zustande gerade x
Verbindungen stehen (p_x), es wird also $w_x = W_v \cdot p_x$, also die ge-
suchte Wahrscheinlichkeit $p_x = \dfrac{w_x}{W_v}$. Das ergibt die Erlangsche
Gleichung 7.

Die Überlegung führt sofort zu einem unlösbaren Widerspruch.
Die Zahl der Wege sei $v = 10$. Es liegt kein Grund vor, weshalb
man für den unbeschränkten Verkehr nicht einen Wert $w_{12} = e^{-y} \dfrac{y^{12}}{12!}$
ausrechnen soll. Dann soll dieser Wert auf höchstens 10 Ausgänge
dadurch beschränkt werden, d. h. unbrauchbar gemacht werden, daß

---

[1]) Grinstedt, W. H.: Post Office El. Eng. Journ., Oktober 1918.

man ihn durch eine an sich richtig gebildete Summe teilt. Es ist nicht einzusehen, wieso dabei der Quotient eine Unbrauchbarkeit ergeben sollte.

Vom rein theoretischen Standpunkte aus liegt der Fehler in der Anwendung des Grundsatzes des „sowohl — als auch" auf zwei voneinander abhängige Wahrscheinlichkeiten. Denn der allgemeine Wert w_x im Zähler ist auch in der Summe des Nenners enthalten. Der Grundsatz des „sowohl — als auch" darf nur für gänzlich voneinander unabhängige Wahrscheinlichkeiten angewandt werden.

Theorie von G. F. O'Dell[1]**).** Die Gruppe von s Teilnehmern erzeuge y Bel.-Stunden. Dann ist $z = \dfrac{y}{s}$ die Belegungszeit je Teilnehmer und $1 - z$ seine „Ruhezeit". Ein Teilnehmer hat also während $1 - z$ Stunden die Möglichkeit, eine Belegung zu beginnen und die Wahrscheinlichkeit, daß er eine Belegung beginnt, ist $\dfrac{z}{1-z}$. Die Häufigkeit, daß r von den s Teilnehmern Belegungen gleichzeitig erzeugt haben, ist $\binom{s}{r}\left(\dfrac{z}{1-z}\right)^r$. Möglich ist nun, daß $x = 0$ bis s Teilnehmer anrufen, und die Wahrscheinlichkeit, daß r Teilnehmer anrufen, ist:

$$w_r = \frac{\binom{s}{r}\left(\dfrac{z}{1-z}\right)^r}{\displaystyle\sum_{x=0}^{x=s} \binom{s}{x}\left(\dfrac{z}{1-z}\right)^x} \, .$$

Wenn nur v Wege vorhanden sind, so sollen nur v Teilnehmer anrufen können, der Nenner ist daher beim Gliede $x = v$ abzubrechen. Die Gleichung von O'Dell lautet daher:

$$w_r = \frac{\binom{s}{r} z^r (1-z)^{-r}}{\displaystyle\sum_{x=0}^{x=v} \binom{s}{x} z^x (1-z)^{-x}} \, .$$

Um die Bedeutung dieser Gleichung zu erkennen, erweitere man Zähler und Nenner mit der Konstanten $(1-z)^s$. Man erhält:

$$w_r = \frac{\binom{s}{r} z^r (1-z)^{s-r}}{\displaystyle\sum_{x=0}^{x=v} \binom{s}{x} z^x (1-z)^{s-x}} \, , \tag{8}$$

---

[1]) O'Dell, G. F.: Post Office El. Eng. Journ., Oktober 1920.

d. h. im Zähler und Nenner erscheint die Bernoullische Form, Gleichung 2. Der Bau der O'Dellschen Gleichung entspricht der Erlangschen Form, nur daß **Erlang** die Poissonsche Form benutzt und **O'Dell** die Bernoullische Form.

Setzt man $s = 100$, $y = 3$, also $z = 0{,}03$, so ergibt die einfache Gleichung 2 für $v = 10$:

$$w_{10} = 0{,}000\,523\,56,$$

die O'Dellsche Gleichung

$$w_{10} = 0{,}000\,523\,57,$$

d. h. für Werte von v, die Verluste um $0{,}001$ ergeben, ist es nicht nötig, mit der O'Dellschen Gleichung zu rechnen.

Die O'Dellsche Gleichung enthält (wie die Erlangsche) die Zahl der Wege v. Trotzdem gibt die Gleichung nicht den Einfluß der Wegezahl v auf die Gefahrzeit w_v. Denn sie ist ebenfalls unzulässig. Man kann es aus der Natur der Sache heraus nicht hindern, daß mehr als v Teilnehmer, z. B. $v + n$, anrufen möchten, und w_{v+n} ergibt einen endlichen Wert, die Summe aller Wahrscheinlichkeiten wird größer als 1, die O'Dellsche Gleichung kann also nicht richtig sein. Man muß fordern, daß alle Wahrscheinlichkeiten $w_{v+n} = 0$ werden. Die nachfolgende Gleichung erfüllt diese Forderung:

$$w_x = \binom{v}{x} z^x (1 - z)^{v-x},$$

worin $v = $ Anzahl der Wege,

$$z = \frac{y}{v} = \text{Belegungszeit eines Weges.}$$

Darin wird jedes $w_{v+n} = 0$. Diese Gleichung führt aber auch irre.

Berechne z. B. w_7 für $v = 7$, $y = 2$, also $z = \dfrac{2}{7}$

$$w_7 = \left(\frac{2}{7}\right)^7 = 0{,}000\,155\,4\,.$$

Das wäre die Gefahrzeit, während welcher Verluste eintreten können. Nun zeigt der Vergleich mit der Erfahrung (S. 23), daß Theorie und Erfahrung übereinstimmen, wenn die Gefahrzeit mit der Gleichung 3 (**Poisson**) berechnet wird. Die Zahlentafel 2 Seite 20 gibt die Gefahrzeit für $y = 2$ zu $w_7 = 0{,}0034$, also etwa 20mal so groß an.

Wo liegt der Fehler? Die soeben genannte Gleichung ist formal richtig aufgebaut, der Fehler kann also nur in der Annahme liegen. In der Tat entspricht die Annahme nicht der Wirklichkeit. Das Entstehen von Anrufen hat mit der Anzahl von Verbindungswegen nichts zu tun. Diese beiden Größen können nicht in das Verhältnis von Ursache und Wirkung gebracht werden.

Besetztmeldungen bei Einzelleitungen. Verbindungen, die wegen Besetztseins des gewünschten Anschlusses nicht zustande kommen, werden nicht als „Verluste" in dem Sinne gerechnet, daß die Fernsprechanlage zu klein ausgerüstet sei. Das Interesse an der Zahl der Besetztmeldungen ist aber groß, da die Leerlaufarbeit (d. h. nicht bezahlte Arbeit des Amtes) nicht zu groß werden darf. Die Theorie der Anzahl der Besetztmeldungen ist naturgemäß eine Verlusttheorie, die der besonderen Fragestellung anzupassen ist.

In Deutschland ist die Frage der Besetztmeldungen gesetzlich geregelt worden. § 7 des Fernsprechgebührengesetzes vom 11. Juli 1921 lautet: „Hauptanschlüsse dürfen mit Gesprächen in abgehender und ankommender Richtung nicht derart belastet sein, daß sie bei besonderer Prüfung unverhältnismäßig oft besetzt gefunden werden ...". § 4 II der Fernsprechordnung lautet: „Bei der besonderen Prüfung ... wird an 6 aufeinanderfolgenden Werktagen festgestellt, wie oft die Hauptanschlüsse besetzt gefunden werden. Ergeben sich für den Tag durchschnittlich mehr als 7 Besetztfälle, so gelten die Anschlüsse als überlastet ..." Und die Ausführungsbestimmung dazu lautet: „Auf Grund der Zählungen der abgehenden Gespräche werden diejenigen Anschlüsse ermittelt, von denen aus mehr als 8000 Ortsgespräche jährlich geführt werden. Bei diesen ist zu prüfen, ob ... der ankommende Verkehr ebenso stark ... ist und der Anschluß infolgedessen überlastet ist ..." 8000 abgehende Verbindungen im Jahre ergeben 8000 : 300 = 27 abgehende Verbindungen im Tage. Der Anschluß wird als überlastet angesehen, wenn bei einem gleich großen zum Teilnehmer gehenden Verkehr 7 Verbindungen besetzt gemeldet werden, d. h. er erhält 27 Verbindungen und 7 weitere erhält er nicht, weil seine Leitung besetzt gemeldet wird. Es werden also rund $25\,^0/_0$ der den Teilnehmer erreichenden Verbindungen als Besetztfälle zugelassen. 54 Verbindungen zu etwa 2 Min. ergeben 108 Min. Wir nehmen den Tag zu 8 Std. = 480 Min. an. Dann erhält man eine mittlere Belegungszeit $z = \dfrac{108}{480} = 0{,}225 = 13{,}5$ Min. in der Stunde. Wir wollen den Angaben der Reichspost entsprechend annehmen, daß der Teilnehmer 27 Verbindungen empfange und daß 7 vergebliche Versuche gemacht würden, im ganzen also 34 Versuche. Die Aufgabe ist eine Wiederholung von 34 Versuchen, es ist also die Bernoullische Gleichung zuständig und die Wahrscheinlichkeit, daß x Verbindungen in die Gefahrzeit z hineinfallen, wird:

$$w_x = \binom{34}{x} 0{,}225^x \, 0{,}775^{34-x}.$$

		Mathemat. Erwartung
$w_0 = 0{,}000\,172\,3$	mal 0	0
$w_1 = 0{,}001\,696$	„ 1	0,0017
$w_2 = 0{,}008\,125$	„ 2	0,0162
$w_3 = 0{,}025\,25$	„ 3	0,0757
$w_4 = 0{,}056\,40$	mal 4	0,2256
$w_5 = 0{,}098\,3$	„ 5	0,4915
$w_6 = 0{,}137\,6$	„ 6	0,8256
$w_7 = 0{,}159\,7$	„ 7	1,1179
$w_8 = 0{,}156\,2$	mal 8	1,2496
$w_9 = 0{,}130\,8$	„ 9	1,1772
$w_{10} = 0{,}094\,9$	„ 10	0,9490
$w_{11} = 0{,}060\,0$	„ 11	0,6600
$w_{12} = 0{,}033\,4$	mal 12	0,4000
$w_{13} = 0{,}016\,4$	„ 13	0,2140
$w_{14} = 0{,}007\,1$	„ 14	0,1000
$w_{15} = 0{,}002\,7$	„ 15	0,0405
$w_{16} = 0{,}000\,9$	„ 16	0,0144
		7,5589

Man kann also erwarten, daß 7,5 Verbindungen von den 34 besetzt gemeldet werden. Die Rechnung stimmt befriedigend genau mit der Erfahrung überein.

Manchmal sind die Verhältnisse in der HVSt. von Interesse. Wir nehmen eine Konzentration von $15\,^0/_0$ an, also $54 \cdot 0{,}15 = 8$ Belegungen, also 4 ankommende Belegungen in der HVSt. = zusammen 16 Min. = 0,266 Std. = z. Wir schätzen einen Verlust von etwa $25\,^0/_0$, rechnen also mit einer Besetztmeldung oder mit insgesamt 5 Versuchen, ankommende Verbindungen herzustellen. Es wird

$$w_x = \binom{5}{x} 0{,}266^x\, 0{,}734^{5-x}.$$

		Mathemat. Erwartung
$w_0 = 0{,}2130$		
$w_1 = 0{,}3870$	mal 1	0,387
$w_2 = 0{,}2313$	„ 2	0,562
$w_3 = 0{,}1020$	„ 3	0,306
$w_4 = 0{,}0185$	„ 4	0,074
$w_5 = 0{,}0014$	„ 5	0,007
1,0032		1,336

Es ist also zu erwarten, daß 1,3 von den 5 Belegungen besetzt gemeldet werden, unsere Annahme war richtig. Die Besetztmeldungen in der HVSt. sind also $1{,}33 : 4 = 32\,^0/_0$ der zustande kommenden ankommenden Belegungen.

Besetztmeldungen bei Mehrfachanschlüssen. Wenn ein Teilnehmer v Leitungen hat, die für eine ankommende Verbindung durchgeprüft werden, so wird „Besetzt“ nur gemeldet, wenn sie alle gleichzeitig belegt sind. Ist z die mittlere Belastung einer der Leitungen, so ist z^v die Wahrscheinlichkeit, daß für ein Ereignis (eine ankommende Verbindung) sowohl die eine als alle anderen Leitungen besetzt sind. Es sind leider keine Zahlen darüber bekannt geworden, um wieviel höher die Belastung je Mehrfachanschluß als je Einzelleitung sein darf, wenn die Besetztmeldungen $25\,^0/_0$ betragen dürfen.

Nehmen wir $v = 2$ Anschlüsse an und versuchen eine Belastung mit je 30 Min., zusammen 60 Min. Das ergibt etwa 15 abgehende und 15 ankommende Verbindungen. Wir nehmen etwa $33\,^0/_0 = 5$ Besetztmeldungen in der HVSt. an, machen also 20 Versuche, wovon 15 glücken, 5 nicht. $z = {}^1/_2$ für eine Leitung und $z^2 = {}^1/_4$ ist die Wahrscheinlichkeit, daß beide Leitungen gleichzeitig besetzt sind, also

$$w_x = \binom{20}{x} {}^1/_4{}^x \; {}^3/_4{}^{20-x};$$

man erhält:

		Mathemat. Erwartung
$w_0 = 0,00317$	mal 0	0
$w_1 = 0,02118$	„ 1	0,0212
$w_2 = 0,0668$	„ 2	0,1336
$w_3 = 0,1336$	„ 3	0,4008
$w_4 = 0,1895$	„ 4	0,7580
$w_5 = 0,2020$	„ 5	1,010
$w_6 = 0,1682$	„ 6	1,0092
$w_7 = 0,1120$	„ 7	0,7940
$w_8 = 0,0606$	„ 8	0,484
$w_9 = 0,0270$	„ 9	0,243
$w_{10} = 0,0100$	„ 10	0,100
$w_{11} = 0,0030$	„ 11	0,033
$w_{12} = 0,0007$	„ 12	0,008
		4,995

Man kann also erwarten, daß 5 von den 20 Versuchen besetzt gemeldet und 15 Verbindungen hergestellt werden. Unsere Annahme war richtig.

Interessant ist der Vergleich zwischen einer und zwei Leitungen: Die Belastung je Leitung bei einem Doppelanschluß kann ungefähr die doppelte einer Einfachleitung sein, wenn die gleiche Zahl von Besetztmeldungen vorgeschrieben wird.

Vereinfachung der Rechnung. Statt der Ausrechnung der mathematischen Erwartung in langen Tabellen kann man viel kürzer mit zwei Lehrsätzen über die Bernoullische Gleichung ans Ziel kommen:

a) die mathematische Erwartung für ein der Bernoullischen Gleichung folgendes Ereignis ist nahezu gleich dem Gliede mit der größten Wahrscheinlichkeit;

b) das Glied mit der größten Wahrscheinlichkeit teilt die Versuchszahl im Verhältnis der Wahrscheinlichkeit des Eintretens zur Wahrscheinlichkeit des Nichteintretens.

Beispiele: Sei N die angenommene Zahl der Versuche und x die zu erwartende Zahl der Besetztmeldungen, z die mittlere Belastung einer Leitung und v die Anzahl Leitungen (bei Mehrfachanschlüssen), so soll man x berechnen aus:

$$\frac{x}{N-x} = \frac{z^v}{1-z^v}.$$

Diese Gleichung ist noch zu vereinfachen zu

$$\frac{x}{N} = z^v \quad \text{oder} \quad x = N z^v, \tag{9}$$

worin x die Zahl der Besetztmeldungen ist. Die zu erwartenden Besetztfälle können also sehr einfach berechnet werden: Man geht von der (anzunehmenden) mittleren Belastung z einer Leitung aus (z in Stunden ausgedrückt) und bilde (für Mehrfachanschlüsse mit v Leitungen) die Größe z^v. Dann entschließe man sich, wie viele Versuche N man machen möchte, ankommende Verbindungen herzustellen, und berechne x aus der Gleichung $x = N z^v$. x ist die Zahl der Besetztmeldungen, und $N - x$ Verbindungen werden hergestellt; z. B.:

$$N = 34, \quad z = 0,225; \quad x = 34 \cdot 0,225 = 7,6;$$

$$N = 5, \quad z = 0,364; \quad x = 5 \cdot 0,363 = 1,83,$$

$$N = 20; \quad z \text{ für Einfachleitung} = {}^1/_2,$$

$$z^v \text{ für Doppelanschluß} = z^2 = {}^1/_4,$$

$$x = 20 \cdot \tfrac{1}{4} = 5.$$

Wünscht man eine bestimmte Anzahl herzustellender Verbindungen (z. B. gleich viele ankommende und abgehende Verbindungen mit je 2 Min. Dauer), so muß man die Rechnung mit verschiedenen anzunehmenden Größen (Versuchen) N wiederholen, bis $N - x$ (die hergestellten ankommenden Verbindungen) gleich der vorausgesetzten Anzahl herzustellender ankommender Verbindungen wird.

Theorie von Karl Koelsch. Koelsch[1] hat die gleiche Aufgabe behandelt. Aber er rechnet für die Wahrscheinlichkeit der Wiederholungsfälle (x Versuche werden besetzt gemeldet) mit dem Produktensatz. Er sagt: Wenn z die Wahrscheinlichkeit ist, daß ein Versuch besetzt meldet, so sei z^2 die Wahrscheinlichkeit, daß zwei Versuche besetzt meldeten. Das ist falsch. Für Wiederholungen von Versuchen ist die Bernoullische Gleichung zuständig, der Produktensatz ist nur anwendbar, wenn ein und dasselbe Ergebnis einer Mehrzahl gleich-

---

[1] Koelsch, Karl: Telegraphen- und Fernsprechtechnik, 10. Juni 1913.

zeitigen Bedingungen unterworfen ist. Das ist beim Ausprüfen eines Mehrfachanschlusses auf eine freie Leitung allerdings der Fall, aber nicht, wenn zwei Versuche zu ganz verschiedenen Zeiten gemacht werden.

B. Einfluß der Teilnehmerzahl s.

Weiter oben (S. 20) ist angedeutet worden, daß „Vielsprecher" den Verkehr gleichmäßig machen. Denn wenn ein Teilnehmer 30 mal in der Stunde spricht, so können seine 30 Verbindungen nicht gleichzeitig auftreten, sondern verteilen sich über die ganze Stunde.

Theorie von T. Engset, O'Dell und Hoefert. Engset[1]) stellte die Aufgabe, den Einfluß der Gesprächsdichte zu fassen, zuerst. Er entwickelt auf eine hier nicht näher interessierende Weise die Gleichung 8. Er benutzt diese Gleichung zur Untersuchung des Einflusses der Anschlußzahl (die auch in seiner Gleichung auftretende Zahl der Verbindungswege spielt bei ihm keine Rolle).

Nach ihm haben O'Dell (a. a. O.) und Reinhold Hoefert[2]) die Frage bearbeitet, letzterer mit der einfachen Gleichung 2. Die Untersuchung geht so vor sich: man hält die Belastung y konstant und ändert die Anschlußzahl s. Dabei ändert sich z in der Gleichung 2. Dann berechnet man die Zahl der Wege für einen Verlust $= 0{,}001$ für die verschiedenen Werte von z. Es zeigt sich, daß die Sprechdichten unter etwa 5 Min. je Teilnehmer in der Stunde keine Verminderung der Leitungszahl bringen, bei $y = 10$ und 15 Min. je Teilnehmer, also 40 Teilnehmern, in der Stunde kann man $10\,{}^0/_0$ von der Anzahl der Wege für gewöhnliche Sprechdichte abziehen.

Theorie von N. H. Martin. Martin[3]) bemängelt in O'Dells Arbeit das Fehlen der Rücksicht auf die Verluste. Martin verfährt folgendermaßen:

Ist w_x die Dauer, während welcher garade x Verbindungen stehen, so ist die mathematische Erwartung der Leistung der Verbindungsleitungen gleich $\sum\limits_{x=0}^{x=v} x \cdot w_x$.

Von den Teilnehmern fließt nun ein Verkehr zu wie folgt: $\dfrac{z}{1-z}$ ist die Wahrscheinlichkeit, daß ein Teilnehmer anruft. Wenn x Verbindungen belegt sind, so sind nur noch $s-x$ Teilnehmer frei.

In der Dauer w_x fließt also ein Verkehr zu $(s-x)\dfrac{z}{1-z}w_x$. Die

---

[1]) Engset, T.: ETZ 1918, Heft 31.
[2]) Hoefert, Reinhold: Z. Fernmeldetechn. 1922, Heft 5.
[3]) Martin, N. H.: Post Office El. Eng. Journ., Oktober 1923.

mathematische Erwartung des Zuflusses ist daher $\displaystyle\sum_{x=0}^{x=s}(s-x)\frac{z}{1-z}\,w_x$.

Die Differenz der beiden Ausdrücke (Zufluß-Leistung) ist der Verlust. Der Unterschied zwischen den verschiedenen Rechnungsweisen ergibt für $s=20$, $y=4$, also $z=0,2$ für Verlust $=0,001$:

$$
\begin{aligned}
\text{nach H\"ofert} &\quad.\;.\;.\;.\quad 9,9 \text{ Leitungen}\\
\text{\textquotedbl\ O'Dell} &\quad.\;.\;.\;.\quad 10,0 \quad\text{\textquotedbl}\\
\text{\textquotedbl\ Martin} &\quad.\;.\;.\;.\quad 10,1 \quad\text{\textquotedbl}
\end{aligned}
$$

Selbstverständlich wird man gerade 10 Leitungen wählen.

Man kann umgekehrt auch die Teilnehmerzahl s konstant halten und die Belegungszahl c anwachsen lassen. Das führt zu den gleichen Veränderungen des z in der Gleichung 2. Endlich kann man s und c einzeln untersuchen mit der Gleichung 1, wo die Größen für sich allein, nicht als Verhältniszahlen auftreten. Für Fernsprechzwecke haben diese genauesten Untersuchungen keinen Zweck.

Theorie von U. P. Lely. Lely[1]) sucht den Einfluß der Teilnehmerzahl s genauer als bisher zu erfassen. Er sagt, daß die Anrufe proportional zu der Zahl der im betrachteten Augenblicke freien Teilnehmer anzunehmen sei. Im Durchschnitt sind y Teilnehmer beschäftigt, wenn y die durchschnittliche Zahl gleichzeitig stehender Verbindungen bedeutet. Es sind also durchschnittlich $s-y$ Teilnehmer frei. Wenn aber v Verbindungen stehen, so sind nur $s-v$ Teilnehmer frei. Die Wahrscheinlichkeit, daß gerade v Verbindungen stehen, sei daher

$$
w_v = \binom{s}{v}z^v(1-z)^{s-v}\frac{s-v}{s-y}
$$

$$
= \binom{s}{v}z^v(1-z)^{s-v}\frac{\dfrac{s-v}{s}}{1-z}.
$$

Das wird aber

$$
w_v = \binom{s-1}{v}z^v(1-z)^{s-1-v}.
$$

Diese Gleichung ist falsch. Denn nach dieser Gleichung wäre $w_s=0$, d. h. der letzte Teilnehmer könnte nicht anrufen. Für diese Vorschrift liegt nicht der geringste Grund vor. Der Fehler, dem letzten Teilnehmer das Anrufen verbieten zu wollen, ist sehr erheblich, wenn die Gruppen sehr klein sind, z. B. 5er-Gruppeen (siehe Relaissystem S. 25).

---

[1]) Lely, U. P.: Waarschijnlijkeidsrekening bij automatische Telefonie, Haag 1918.

C. Einfluß der Belegungsdauer t.

Theorie von F. Spiecker. F. Spiecker[1]) geht von der Belegungsdauer t aus und stellt die Gleichung auf

$$w_x = \binom{c}{x} t^x (1 - t)^{c-x},$$

worin w_x die Wahrscheinlichkeit, daß gerade

x Verbindungen gleichzeitig bestehen,
c die Zahl der Belegungen,
t die Belegungsdauer.

Spiecker geht dann auf die Beschränkung des Verkehrs durch die Zahl der Wege ein, indem er die Spitzen oberhalb der Zahl v abschneidet. Seine Entwicklungen führen aber zu unübersichtlichen Gleichungen, so daß sie bisher nicht weiter angewandt wurden.

Von großer Bedeutung ist die Frage, ob die Annahme einer gleichen Belegungsdauer für alle Belegungen unschädlich sei, da diese Annahme der Wirklichkeit keineswegs entspricht.

Theorie von T. Engset. T. Engset[2]) geht von der Annahme einer für jeden Teilnehmer s besonders zugeeigneten Dauer t_s aus. Sein Ansatz lautet daher $w_x = \sum \binom{s}{x} t_s^x (1 - t_s)^{s-x}$, worin t_s veränderlich ist. Die Gleichung läßt sich kaum auswerten. Engset teilt mit, daß er durch eine Untersuchung auf das Maximum von w_x gefunden habe, daß w_x ein Maximum wird für $t_s =$ konstant für alle Teilnehmer s.

Theorie von R. v. Mises. R. v. Mises[3]) beweist den Satz: Ein mit der einfachen Poissonschen Gleichung übereinstimmender asymptotisch geltender Ausdruck für die Wahrscheinlichkeit der Wiederholungszahl x bleibt auch dann bestehen, wenn die Einzelwahrscheinlichkeit von Versuch zu Versuch schwankt. Vorausgesetzt wird, daß die Summe der Einzelwahrscheinlichkeiten $= 1$ bleibt. Angenommen seien z. B. 1000 Fälle, deren Einzelwahrscheinlichkeiten von 0,0015 bis 0,002 schwanken. Dann liegen die Wahrscheinlichkeiten zwischen zwei Grenzen:

	untere Grenze	Poisson	obere Grenze
w_0	0,2224	0,2231	0,2231
w_1	0,3337	0,3347	0,3353
w_2	0,2497	0,2510	0,2520
w_3	0,1242	0,1255	0,1262

---

[1]) Spiecker, F.: Die Abhängigkeit des erfolgreichen Fernsprechanrufes von der Anzahl der Verbindungsorgane. Berlin: Julius Springer 1913.
[2]) Engset, T.: ETZ 1918.
[3]) v. Mises, R.: Z. angew. Math. Mech. April 1921, S. 121.

Die Poissonsche Gleichung gibt also einen guten Mittelwert zwischen den beiden Grenzen.

Von besonderem Interesse sind ferner die Störungen der gleichmäßigen Verkehrsabwicklung durch einzelne sehr lange Belegungen. Sie vermindern den Wirkungsgrad der Anlage. Die Frage wird im Abschnitt VIII S. 89 behandelt.

Veränderliche Gesprächslängen. Die mittlere Belegung $y = c \cdot t$ wird sich im allgemeinen aufbauen in der Form

$$y = c_1 t_1 + c_2 t_2 + \cdots + c_n t_n,$$

wo die t_1, t_2, t_3, ..., t_n verschiedene Gesprächslängen sind und die $c_\varkappa$ angeben, wie oft ein Gespräch der Länge $t_\varkappa$ während der Beobachtungszeit vorkommt.

Es ist $c_1 + c_2 + \cdots + c_n = c$, und es entsprechen die Werte

$$\frac{c_\varkappa}{c} = \frac{c_\varkappa}{c_1 + c_2 + \cdots + c_n} = \pi_\varkappa$$

den Wahrscheinlichkeiten $\pi_\varkappa$ der wirkenden Ursachen bei Poisson.

Dann gibt es eine mittlere Wahrscheinlichkeit $\bar{t}$ derart, daß

$$c\,\bar{t} = c_1 t_1 + c_2 t_2 + \cdots + c_n t_n = y.$$

Eine beliebige Gesprächslänge $t_\varkappa$ sei gegeben durch die Gleichung $t_\varkappa = u\,\bar{t}$, wo u alle Werte zwischen 0 uud ∞ annehmen kann. Bei hinreichend großer Anzahl c von Gesprächen wird u als stetige Veränderliche anzusehen sein.

Die zum Zeitwert $t_\varkappa$ gehörige Anzahl $c_\varkappa$ von Gesprächen hat die Wahrscheinlichkeit $\pi_\varkappa = \dfrac{c_\varkappa}{c}$, und dieser Wert ist eine Funktion von u, $\pi_\varkappa = \varphi(u)$, wo die Funktion $\varphi(u)$ noch zu bestimmen ist. Die zweifache Darstellung von y aus den Teilbelegungen $c_\varkappa t_\varkappa$ führt zur Bedingungsgleichung

$$y = c \cdot \bar{t} = c\,\bar{t} \int_0^\infty u\,\varphi(u)\,du. \tag{10}$$

Aus der Integralbedingung $\int_0^\infty u\,\varphi(u)\,du = 1$ bestimmt sich $\varphi(u)$ zu $\varphi(u) = e^{-u}$, womit ein Verteilungsgesetz für die Gesprächslängen gewonnen ist.

$y = c \cdot \bar{t}$ wird der Parameterwert für die Poissonsche Verteilungsfunktion, die sich ganz wie im Fall konstanter Gesprächslänge t durch Grenzübergang aus dem Bernoullischen Ansatz für die Wahrscheinlichkeit gewinnen läßt.

Das hier erhaltene Gesetz für die Verteilung der Gesprächslängen ergibt sich im wesentlichen aus der Forderung, daß der

Parameter y der Poissonverteilung bei der Annahme veränderlicher Gesprächslänge erhalten bleibe.

Dieses Verteilungsgetetz ist zuerst von A. K. Erlang[1]) in einer Arbeit vom Januar 1918 angegeben worden. Erlang gibt an, daß er das Gesetz durch statistische Bearbeitung von Versuchsreihen erhalten hat, die er in Kopenhagen angestellt hat.

Dieses Gesetz muß in enger Verbindung mit dem Poissonschen Verteilungsgesetz stehen, wie die folgende kleine Überlegung zeigt.

Die mittlere Belegung sei $y = c\,t$, was etwas anders interpretiert, aussagt, daß im Mittel y gleichzeitige Gespräche zu erwarten sind (y ist die mathematische Erwartung der Anzahl v gleichzeitig in Tätigkeit gesetzter Leitungen).

Wie groß ist der Bruchteil der Gesamtzeit $T = 1$, in dem statt y Verbindungswegen nur 1 Verbindungsweg belegt ist?

Die Poissonsche Verteilungsfunktion gibt an:

$$\varDelta T = w_1 = e^{-y} \cdot \frac{y}{1}.$$

Wir stellen die reziproke Frage: Die mittlere Gesprächslänge ist $\bar{t}$. Wie groß ist der Bruchteil der Gesamtbelegung $y = c\,\bar{t}$, der statt mit Gesprächen normaler Länge $\bar{t}$ mit solchen der Dauer $u \cdot \bar{t}$ ausgefüllt ist? Genau wie bei Poisson kommt man zu dem Ergebnis

$$\frac{\varDelta\,(c\,t)}{c\,t} = u \cdot e^{-u},$$

also zum vorhin angegebenen Gesprächsverteilungsgesetz zurück.

Diese Überlegung soll etwas präziser gefaßt werden:

1. $\varphi\,(u)$ sei die Wahrscheinlichkeit einer Gesprächslänge $u\bar{t}$, wo $\bar{t}$ die normale Gesprächslänge $\bar{t} = \dfrac{y}{c}$ ist.

2. Das Vorkommen von Gesprächen der Länge $u\bar{t}$, deren Anzahl nach $(1) = c \cdot \varphi\,(u)$ wird, bedingt durch Sperrung einen Verlust von Belegungen: $v = c \cdot \varphi\,(u)\,(u - 1)$.

3. Ich betrachte den Teil der Beobachtungszeit $T = 1$, während-dessen die mittlere Belegungszahl reduziert ist. Die Anzahl von Belegungen, bei denen im Mittel in der Normalgesprächslänge $\bar{t}$ statt y Belegungen nur eine Belegung Platz greift, ist

$$c \cdot \psi\,(y) = c \cdot e^{-y} \cdot \frac{y}{1}.$$

<hr>

[1]) Erlang, A. K.: Post Office El. Eng. Journ., Jan. 1918.

4. Reduziert man also die mittlere Anzahl y auf den u-Teil, so kommt als Belegungsanteil der Wert

$$c \cdot \psi(u) = c \cdot e^{-u} \cdot \frac{u}{1}.$$

5. In dieser Zeit schwachen Verkehrs können

$$G = \left(c - \frac{c}{u}\right) \cdot \psi(u)$$

Belegungen mehr aufgenommen werden, da statt c Gesprächen nur $\dfrac{c}{u}$ Gespräche vorkommen.

6. Es findet ein Ausgleich der beiden anormalen Zustände statt, wenn für beliebiges u der Verlust V gleich dem Gewinn G wird.

Es kommt also

$$c \cdot \varphi(u)(u-1) = c(u-1)\frac{\psi(u)}{u},$$

$$\varphi(u) = \frac{\psi(u)}{u} = \frac{e^{-u} \cdot \dfrac{u}{1}}{u} = e^{-u}.$$

Ich setze die normale Gesprächslänge $\bar{t}$ durch eine kleine Abschätzung mit dem arithmetischen Mittel

$$t_M = \frac{t_1 + t_2 + \cdots + t_n}{n} \quad \text{in Verbindung,}$$

wobei angenommen ist, daß es n verschiedene Werte von Gesprächslängen gebe.

Für $\bar{t}$ bekommen wir

$$\bar{t} = \frac{c_1}{c} t_1 + \frac{c_2}{c} t_2 + \cdots + \frac{c_n}{c} \cdot t_n,$$

$$= g_1 t_1 + g_2 t_3 + \cdots + g_n \cdot t_n.$$

Ich betrachte irgend zwei Glieder dieser Summenformel, die symmetrisch zum mittleren Glied mit t liegen, also zwei Gesprächslängen

$$t_+ = \bar{t}(1 + \varrho) \quad \text{und} \quad t_- = \bar{t}(1 - \varrho).$$

Nach dem Verteilungsgesetz der Gesprächslängen erhalten die Koeffizienten (Gewichte) g_+ von t_+ und g_- von t_- die folgenden Werte

$$g_+ = (1 + \varrho)\, e^{(1+\varrho)}, \qquad g_- = (1 - \varrho)\, e^{-(1-\varrho)},$$

die miteinander zu vergleichen sind, was am einfachsten durch den Übergang zu den Logarithmen durchzuführen ist.

Es wird

$$\lg g_+ = -(1+\varrho)\lg(1+\varrho), \qquad \lg g_- = -(1-\varrho)\lg(1-\varrho),$$

$$\lg g_+ = -1-\varrho-\frac{\varrho^2}{2}+\frac{\varrho^3}{3}-+\cdots, \quad \lg g_- = -1+\varrho-\varrho-\frac{\varrho^2}{2}-\frac{\varrho^3}{3}\cdots,$$

$$\lg g_+ - \lg g_- = \frac{2}{3}\varrho^3+\cdots > 0, \quad \text{also} \quad \frac{g_+}{g_-} > 1.$$

In den Grenzen $0 < \varrho < 1$, also $t_+ < 2\bar{t}$, $t_- > 0$ hat der Wert $t_+ = \bar{t}(1+\varrho)$ immer ein größeres Gewicht als der Wert $t_- = \bar{t}(1-\varrho)$, also wird $\bar{t} > t_M$, für das diese Gewichte g_+ und g_- einander gleich sein müssen.

Die einfache Darstellung der zusammengesetzten Wahrscheinlichkeiten bei Versuchen mit Wiederholung beruht, wie schon vorhin bemerkt, auf der Konstanz der Grundwahrscheinlichkeit p und demzufolge ihres Komplementärwertes $q = 1-p$ während der ganzen Versuchsdauer.

Man kann die folgende Frage stellen:

Unter welchen Umständen bleibt die Darstellung der Wahrscheinlichkeiten in der Bernoulliform erhalten, auch wenn die Grundwahrscheinlichkeit p im Laufe der Versuche veränderlich ist?

Die direkte Untersuchung dieser Frage an der Bernoulliform führt zu dem folgenden Ergebnis:

Allgemein ist es nicht möglich, aus einer Reihe verschiedener Grundwahrscheinlichkeiten p_1, p_2, $\ldots$, p_n eine mittlere Wahrscheinlichkeit $\bar{p}$ so zu bestimmen, daß sie im Bernoullischen Ansatz genau die zusammengesetzten Wahrscheinlichkeiten liefert, die bei wiederholten Versuchen mit veränderlicher Wahrscheinlichkeit entstehen. Eine in gewissen Genauigkeitsgrenzen brauchbare Darstellung mit einem solchen Mittelwert $\bar{p}$ gibt es nur bei Erfüllung der folgenden Bedingung:

Sind die Schwankungen der veränderlichen Werte $p_\varkappa$ um den Mittelwert $\bar{p}$ so verteilt, daß die aus verschiedenen Anzahlen von Werten p_1, p_2, $\ldots$, $p_\varkappa$ oder p_1, p_2, $\ldots$, p_l gewonnenen Mittelwerte $\bar{p}_m$ wenig voneinander abweichen, so ist eine angenäherte Darstellung der zusammengesetzten Wahrscheinlichkeiten mit alleiniger Verwendung von $\bar{p}$ als Grundwahrscheinlichkeit möglich.

Diese Bedingung enthält die Forderung, daß in der Reihe

$$p_1 = u_1\bar{p}, \quad p_2 = u_2\bar{p}, \quad \ldots, \quad p_n = u_n\bar{p}$$

an keiner Stelle Folge von Werten $u_\varkappa > 1$ oder Folgen $u_l < 1$ stattfinden, daß die Werte u_λ nach dem Prinzip der elementaren Unordnung verteilt sind.

Beim Übergang von der Bernoulliform zur Poissonschen Verteilungsfunktion kommt für den Parameter y die Darstellung

$$y = c\,\bar{t} = c_1\,t_1 + c_2\,t_2 + \cdots + c_n\,t_n$$

oder auch

$$\bar{t} = \frac{c_1}{c}\,t_1 + \frac{c_2}{c}\,t_2 + \cdots + \frac{c_n}{c}\cdot t_n,$$

wo $c = c_1 + c_2 + \cdots + c_n$ die Gesamtzahl von Belegungen ist. Setzt man die relative Häufigkeit von Gesprächen der Dauer $t_\varkappa$, also den Bruch $\dfrac{c_\varkappa}{c} = \pi_\varkappa$, so ist $\pi_\varkappa$ die Ursachenwahrscheinlichkeit dafür, daß ein Gespräch der Länge $t_\varkappa$ die Belegung verursacht. Die normale Gesprächslänge

$$\bar{t} = \pi_1\,t_1 + \pi_2\,t_2 + \cdots + \pi_n\,t_n$$

wird die mathematische Erwartung aller überhaupt vorkommenden Gesprächslängen. Das Verteilungsgesetz für die Gesprächslängen fließt nach dieser Auffassung einfach aus der Forderung der Erhaltung des Parameters y, von dem die Poissonverteilung abhängt.

Die Verteilungsfunktion e^{-u} ergab sich bei der Frage nach der Wahrscheinlichkeit des Vorkommens von Gesprächen, die an Stelle der Normallänge $\bar{t}$ die Dauer $u\cdot\bar{t}$ haben. Die Funktion e^{-u} kommt in dieser Eigenschaft auf manchen Gebieten der Statistik vor, man kann sie als **Auswahlfunktion** bezeichnen.

Es mögen c_0 Gespräche die Normaldauer $\bar{t}$ haben.

Damit die Gesprächsdauer von $\bar{t}$ auf $t_1 = \bar{t} + \varepsilon_1$ steige, müssen gewisse Bedingungen bei den Gesprächen erfüllt sein, die bei einem Gespräch normaler Dauer nicht in Frage kommen. Deswegen wird die Anzahl c_1 von Gesprächen der Dauer $t_1 = \bar{t} + \varepsilon_1$ kleiner sein als c_0, es wird eine Beziehung gelten:

$$c_1 = c_0\,(1 - \delta_1),$$

wo δ_1 ein von ε_1 abhängiger kleiner echter Bruch ist.

Geht man von $t_1 = \bar{t} + \varepsilon_1$ auf $t_2 = t_1 + \varepsilon_2 = \bar{t} + \varepsilon_1 + \varepsilon_2$ über, so wird die zugehörige Anzahl von Gesprächen dieser Dauer werden:

$$c_2 = c_1\,(1 - \delta_2) = c\,(1 - \delta_1)(1 - \delta_2).$$

Wählt man die Zuwächse $(\varepsilon_\varkappa)$ der Gesprächslängen sehr klein, so werden die die relativen Abnahmen der Gesprächsanzahlen darstellenden $\delta_\varkappa$ von gleicher Ordnung klein werden. Es wird werden, wenn die $c_\varkappa$ sehr klein und n eine sehr große Zahl wird, d. h. wenn wir alle möglichen Gesprächdauern zulassen,

$$t_n = \bar{t} + \varepsilon_1 + \varepsilon_2 + \cdots + \varepsilon_n = \bar{t}\left(1 + \frac{\varepsilon_1 + \varepsilon_2 + \cdots + \varepsilon_n}{\bar{t}}\right)$$

$$c_n = c_0(1 - \delta_1)(1 - \delta_2)\cdots(1 - \delta_n) \rightarrow c_0(1 - \bar{\delta})^n$$

$$\rightarrow c_0\left(1 - \frac{u}{n}\right)^n = c_0 \cdot e^{-u}.$$

$\bar{\delta}$ ist ein geeigneter Mittelwert der $\delta_\varkappa$, der wenig vom arithmetischen Mittel $\delta_n = \dfrac{\delta_1 + \delta_2 + \cdots + \delta_n}{n}$ verschieden sein wird, $u = n \cdot \bar{\delta}$ ist also eine Größe, die wenig von der Summe der δ_i verschieden ist. Das Gesprächsverteilungsgesetz sagt aus, daß

$$u = 1 + \frac{\varepsilon_1 + \varepsilon_2 + \cdots + \varepsilon_n}{\bar{t}} = \delta_1 + \delta_2 + \cdots + \delta_n$$

wird. Die relative Zunahme der Zeit $\bar{t}$ wird also $\dfrac{t_m - \bar{t}}{\bar{t}} = u - 1$ gleich der Summe der relativen Abnahmen der Gesprächsanzahlen.

Veränderung des Parameters y. Es ist $y = c \cdot \bar{t}$, wo c die Anzahl der Belegungen in der Beobachtungszeit, $\bar{t}$ die normale Gesprächslänge ist. Änderungen von y werden aus Änderungen beider Faktoren resultieren, doch sind zwei Arten von Variationen des y voneinander zu unterscheiden.

1. Änderungen von y, bei denen die Poissonverteilung erhalten bleibt.

2. Änderung von y, bei denen die Poissonverteilung gestört wird.

Die Unterscheidung zwischen beiden Gruppen ergibt sich aus dem Ansatz zum Gesprächsverteilungsgesetz. Dieses bildet das Kriterium für die Gültigkeit der Poissonschen Verteilung. Besteht die Beziehung $t_\varkappa = u\bar{t}$, $\dfrac{c_\varkappa}{c} = \varphi(u) = e^{-u}$ nicht mehr zu Recht, so kann von Darstellung der Werteverteilung durch die Funktion $w_v = \dfrac{e^{-y} \cdot y^v}{v!}$ nicht mehr die Rede sein.

Mit den unwesentlichen Änderungen der Gruppe (1) haben wir uns jetzt zum Abschluß dieses Paragraphen und zur Überleitung zum folgenden kurz zu befassen. Die wesentlichen Änderungen der Gruppe (2) werden später bei der Untersuchung des Einflusses anormal langer Gespräche (siehe S. 89) und den damit im Zusammenhang stehenden Dispersionsfragen behandelt.

Zur Behandlung unserer Fragen werden wir füglich vom Differentialquotienten $\dfrac{\partial w}{\partial y} = w(y)\left(\dfrac{v}{y} - 1\right)$ ausgehen. Es wird $\dfrac{\partial w}{\partial y} > 0$ für

$v > y$, $\dfrac{\partial w}{\partial y} < 0$ für $v < y$. Für die zu behandelnden Fragen kommt

nur der Fall $v > y$ in Betracht.

Bei der später zu bestimmenden Größe des Verlustquotienten $V(y, v)$, der dadurch entsteht, daß nur eine begrenzte Anzahl V von Leitungen zur Verfügung steht, ist es von Wichtigkeit, zu entscheiden, ob die bei abnehmendem y gemachten Ersparnisse sich mit den bei wachsendem y auftretenden Exzessen an Verlusten ausgleichen. Die quantitative Entscheidung dieser Frage hängt von dem Verhältnis der Differenzen $w(y + \Delta y) - w(y)$ und $w(y) - w(y - \Delta y)$ zueinander ab, und es zeigt sich beim Ansatz mit der Taylorschen Reihe, daß $\Delta_+ = w(y + \Delta y) - w(y)$ durchgängig $> \Delta_- = w(y) - w(y - \Delta y)$, weil

für $v > y$ alle Differentialquotienten $\dfrac{\partial^{\varkappa} w(y)}{\partial y^{\varkappa}}$ für $\varkappa = 1, 2, \ldots, n > 0$

sind.

Ich gehe hier nicht auf Einzelheiten ein, da die Überlegung sich später an einer geschlossenen Formel für den Verlustquotienten sehr viel einfacher durchführen läßt.

Die kurze Bemerkung zeigt jedenfalls, daß solche Änderungen von y auf die Leistungsfähigkeit eines Systems von V Verbindungswegen einen ungünstigen Einfluß haben, insofern als der Absolutwert des Verlustquotienten mit Änderungen von y auch solchen, die symmetrisch zu y liegen und sich ausgleichen, zunimmt.

Unwesentliche Änderungen von $\bar{t}$, also solchen, die $\bar{t}$ überführen in $\bar{\bar{t}} = \bar{t}(1 \pm \alpha)$, ohne an der Verteilung der t-Werte etwas zu ändern, beschäftigen uns im Abschn. VI, der einige Ergänzungen zur Poissonschen Verteilungsfunktion bringt, insbesondere eine Poisson-Verteilung, die sich auf einen variierten Parameter $\eta = y + q$ gründet, der für die Berechnung der Verluste und die Bestimmung der Teilbelegungen der einzelnen Leitungen erforderlich ist.

Nebenher sei die mathematische Bemerkung gemacht, daß jede einzelne Wahrscheinlichkeit $w_v = \dfrac{e^{-y} \cdot y^v}{v!}$ als Funktion von y betrachtet eine Wahrscheinlichkeitsfunktion darstellt, insofern als für jedes v gilt:

$$\int\limits_0^\infty w_v(y)\, dy = \int\limits_0^\infty \frac{e^{-y} \cdot y^v}{v!}\, dy = \frac{\Gamma(v + 1)}{v!} = 1.$$

Eine Werteverteilung auf Grund eines bestimmten Verteilungsgesetzes ist durch eine bestimmte Dispersion der Werte gekennzeichnet. Als Maß einer nicht einseitigen Dispersion verwendet man zweckmäßig die mittlere quadratische Abweichung M.

Nach Lexis, der die grundlegenden Untersuchungen über Dispersionsfragen auf verschiedenen Gebieten der Statistik durchgeführt hat und die sogenannte Dispersionstheorie begründet hat, wird die Untersuchung einer Werteverteilung im Hinblick auf ihre Dispersion in folgender Weise geführt.

Einmal wird aus dem vorliegenden Material die mittlere quadratische Abweichung $\overline{M}$ ausgerechnet. Dann läßt sich für ein gegebenes Werteverteilungsgesetz die mathematische Erwartung der mittleren quadratischen Abweichung M im allgemeinen in geschlossener mathematischer Form darstellen.

Stimmen beide Werte überein, besteht also die Gleichung

$$\overline{M} = M,$$

so sagt man, die Werteverteilung hat bei Zugrundelegung des Verteilungsgesetzes, aus dem M bestimmt worden ist, normale Dispersion. Ist $\overline{M} > M$, so hat die betreffende Wertereihe übernormale Dispersion, ist $\overline{M} < M$, so spricht man in der Statistik von unternormaler Dispersion.

Aus einer Reihe beobachteter v-Werte $v_1, v_2, \ldots, v_n$, deren arithmetisches Mittel $\overline{v}$ ist, berechnet sich $\overline{M}$ zu folgendem Wert:

$$\overline{M} = \sqrt{\frac{1}{n-1} \sum_{\varkappa=1}^{\varkappa=n} (v_\varkappa - \overline{v})^2}.$$

Für das Poissonsche Verteilungsgesetz wird die mathematische Erwartung der mittleren quadratischen Abweichung:

$$M = \sqrt{\sum_{v=0}^{\infty} w_v (v - y)^2} = \sqrt{y}. \text{ [1])}$$

Diese Gleichung wird später in einem anderen Zusammenhang in sehr einfacher Weise ohne umständliche Rechnung abgeleitet werden. Bei den Wertereihen mit übernormaler Dispersion wird $\overline{M} > M$, $\overline{M} = \sqrt{y + a}$, wo a eine die Anormalität der Dispersion kennzeichnende Größe ist, die hier kurz als Dispersionsgröße bezeichnet werden soll.

Im folgenden Abschnitt ist zur Annäherung an die Wirklichkeit zunächst die wichtige Einschränkung zu machen, daß ein bestimmter Verkehr an eine begrenzte Anzahl von Verbindungswegen (Leitungen) gebunden ist.

---

[1]) Vgl. v. Bortkewitsch, L.: „Das Gesetz der kleinen Zahlen".

V. Die Poissonsche Verteilungsfunktion.

Übersicht.

Bei der grundlegenden Bedeutung der Poissonschen und Bernoullischen Formen der Grundgleichungen, und infolge der Abweichungen der mit diesen Gleichungen berechneten Werte, ist eine genaue Untersuchung dieser Abweichungen nötig.

A. Übergang von Bernoulli zu Poisson.

Die erste Aufgabe bei der Aufstellung von Gesetzen, die die Massenerscheinungen im Fernsprechverkehr beschreiben sollen, ist die Gewinnung eines Gesetzes, das die Schwankungen der Anrufsdichte darstellt. Der erste Versuch, die Wahrscheinlichkeitsrechnung auf die Erscheinungen im Fernsprechverkehr anzuwenden, stammt nach Mitteilungen von R. Holm[1]) von W. H. Grinstedt, der 1907 Berechnungen für die National Telephone Co. in England ausführte und dabei den Bernoullischen Ansatz für die zusammengesetzten Wahrscheinlichkeiten bei Wiederholungen von Versuchen zum Ausgangspunkt nahm. Grinstedt hat die Ergebnisse seiner Berechnungen erst 1915 veröffentlicht[2]).

Der von Grinstedt gewählte Ausgangspunkt ist für die mathematische Behandlung der naturgemäße und läßt sich in folgender Form festlegen:

Die Beobachtungszeit sei $T = 1$, sie werde in m Teile $t = \dfrac{1}{m}$ geteilt, die der Einfachheit halber zunächst als einander gleich angenommen werden. Es soll die Verteilung von n Anrufen auf die m Zeitelemente bestimmt werden.

Zunächst ist die Wahrscheinlichkeit, daß ein bestimmter Ruf auf ein bestimmtes Zeitelement fällt, $p = \dfrac{1}{m} = t$.

Die Wahrscheinlichkeit $\overline{w}_v$, daß gerade v Anrufe auf ein willkürliches Element fallen, während die übrigen $n - v$ Anrufe sich beliebig über den anderen Zeitraum $1 - t$ verteilen, ist

$$\overline{w}_v = \binom{n}{v} \left(\frac{1}{m}\right)^v \left(1 - \frac{1}{m}\right)^{n-v}.$$

Die Gesamtzahl der Anrufe im Zeitraum $T = 1$ der Beobachtung soll im folgenden mit c bezeichnet werden, für $\dfrac{1}{m}$ soll durchgängig t ge-

---

[1]) Holm, R.: Arch. Elektrot. Bd. 8, S. 414. 1920.
[2]) Grinstedt, W. H.: Post Office Electr. Eng. Journ. Bd. 8, S. 33. 1915.

setzt werden, wo t die mittlere Gesprächslänge ist, so daß wir schreiben:

$$\overline{w}_v = \binom{c}{v} t^v (1 - t)^{c-v} = \frac{c!}{(c - v)!\, v!}\, t^v (1 - t)^{c-v}.$$

Die Bernoullische Form der Wahrscheinlichkeit läßt sich in eine bequeme analytische Form bringen, wenn man annimmt, daß m und c unendlich groß werden, während $\dfrac{c}{m}$ einen bestimmten endlichen Wert a haben soll.

Der einfach durchzuführende Grenzübergang führt auf die Form, die Poisson[1]) der Wahrscheinlichkeit solcher Verteilungen gegeben hat.

Die Umformung macht sich in folgender Weise, wobei mir weitere Erläuterungen überflüssig erscheinen:

$$\overline{w}_v = \frac{c!}{(c - v)!\, v!}\, \frac{t^v\, (1 - t)^c}{(1 - t)^v} =$$

$$= \frac{(c - v + 1)(c - v + 2)\cdots(c - v)\cdot c}{(1 - t)^v}\cdot\frac{t^v}{v!}(1 - t)^c.$$

Es soll werden

$$\lim c = \infty, \quad \lim m = \infty, \quad \lim_{\substack{c=\infty \\ m=\infty}} \frac{c}{m} = c\,t = a,$$

also kommt

$$\overline{w}_v \rightarrow w_v = \frac{c^v \left(1 - \dfrac{v - 1}{c}\right)\left(1 - \dfrac{v - 2}{c}\right)\cdots\left(1 - \dfrac{1}{c}\right)}{\left(1 - \dfrac{a}{c}\right)^v}\cdot\frac{t^v}{v!}\,e^{-a}.$$

a ist ein mittlerer Wert aus der Reihe der v, so daß man setzen kann

$$\frac{\displaystyle\prod_{1}^{v-1}\left(1 - \frac{b}{c}\right)}{\left(1 - \dfrac{a}{c}\right)^v} = 1,$$

und es ergibt sich die Formel von Poisson:

$$w_v = e^{-a}\frac{(c\,t)^v}{v!} = \frac{e^{-a}\,a^v}{v!}.$$

---

[1]) Poisson, S. D.: „Recherches sur la probabilité des jugements etc." Paris 1837.

Bei den hier zu behandelnden Aufgaben ist die Voraussetzung $c \to \infty$, $m \to \infty$ nicht erfüllt, denn sie erfordert streng eine unendlich lange Beobachtungszeit und unendlich kurze Gespräche. Es erscheint zweckmäßig, die Übertragung der Bernoulliform in die Poissonform zu versuchen unter den Bedingungen für c und t, wie sie in der Wirklichkeit, d. h. beim üblichen Fernsprechverkehr vorliegen. Das läßt sich am besten durchführen, wenn man sich an Werte hält, wie sie von der Erfahrung gegeben werden.

Es stehen dem Teilnehmer 10 Leitungen zur Verfügung, und es werden in der Beobachtungseinheit $T = 1$ Stunde $c = 132$ Anrufe gemacht, die mittlere Gesprächsdauer sei $t = {}^1/_{40}$ Stunde $= 1^1/_2$ Minuten. Die Umformung der Bernoulliform ist unter diesen Bedingungen noch einmal durchzuführen. Ich setze:

$$\frac{c!}{(c-v)!} = c^v \left(1 - \frac{v-1}{c}\right)\left(1 - \frac{v-2}{c}\right)\cdots\left(1 - \frac{1}{c}\right) = c^v \, \varPi .$$

Für $(1 - t)^c$ ist zu setzen:

$$e^{-ct}\left(1 + \frac{t}{2} + \frac{t^2}{3} + \cdots\right).$$

Entsprechend kommt für $(1 - t)^v$ der Exponentialwert:

$$(1 - t)^v = e^{-vt}\left(1 + \frac{t}{2} + \frac{t^2}{3} + \cdots\right).$$

Wir haben uns darüber klar zu werden, welche Maßnahmen getroffen sind, wenn man von der Bernoulliform für $\overline{w}_v$ übergeht zur Poissondarstellung

$$w_v = e^{-y}\frac{y^v}{v!} \quad \text{(worin } y = ct).$$

Es ist gesetzt worden:

$$\frac{\varPi}{(1-t)^v} = \frac{\left(1 - \frac{v-1}{c}\right)\left(1 - \frac{v-2}{c}\right)\cdots\left(1 - \frac{1}{c}\right)}{(1-t)^v} = 1 .$$

In Wirklichkeit ist dieser Quotient von 1 verschieden und ich setze

$$\frac{\prod\limits_{1}^{v-1}\left(1 - \frac{a_\varkappa}{c}\right)}{\left(1 - \frac{y}{c}\right)^v} = \lambda_1 .$$

Durch den Übergang zu den Logarithmen läßt sich der Faktor λ_1 ohne viel Rechnung bestimmen.

Es wird:

$$\ln \Pi = \Sigma\, l\left(1 - \frac{a_\varkappa}{c}\right) = -\left[\frac{\sum\limits_1^{v-1} a_\varkappa}{c} + \frac{\sum\limits_1^{v-1} a_\varkappa^2}{2\,c^2} + \cdots\right],$$

also

$$\ln \Pi = -\frac{v-1}{2}\,\frac{v}{c} - \frac{\dfrac{v-1}{2}\cdot v \cdot \dfrac{2v-1}{3}}{2\,c^2} - \cdots.$$

In unserem Beispiel ist der größte Wert von $\dfrac{v}{c} = \dfrac{10}{132} = 0{,}07$ und es scheint erlaubt, daß man die Darstellung von $\ln \Pi$ nach den quadratischen Gliedern abbricht, zumal es sich um die Abschätzung eines Quotienten handelt.

Weiter wird

$$\ln (1 - t)^v = v \ln\left(1 - \frac{y}{c}\right) = -\frac{v}{c}\left(y + \frac{y^2}{2\,c} + \cdots\right).$$

Man erkennt, daß λ_1 nahe bei 1 liegt, wenn y in der Umgebung von $\dfrac{v-1}{2}$ liegt. Insbesondere wird $\ln \lambda_1 > 0$ wenn $y > \dfrac{v-1}{2}$, und $\ln \lambda_1 < 0$ wenn $y < \dfrac{v-1}{2}$ ist.

Setzt man also $\lambda_1 = 1$, so hat man beim Übergang zur Poissonform den wahren Wert der Wahrscheinlichkeit verkleinert, wenn $y = c\,t > \dfrac{v-1}{2}$; vergrößert, wenn $y < \dfrac{v-1}{2}$ ist.

Setzt man allgemein $(1 - t)^c = \left(1 - \dfrac{y}{c}\right)^c = e^{-y}$, so vergrößert man den wahren Wert der Wahrscheinlichkeit in allen Fällen, da

$$(1 - t)^c = e^{-ct}\left(1 + \frac{1}{2} + \frac{t^3}{3} + \cdots\right) e^{-y}\, e^{-t\left(\frac{1}{2} + \frac{t}{3} + \cdots\right)}$$

ist.

Die Größe $y = c\,t$, die in der Poissonform als Parameter auftritt, hat für die Bernoulliform eine zentrale Bedeutung, die zunächst gekennzeichnet werden soll.

Es ist die Frage nach der Wiederholungszahl, der die größte Wahrscheinlichkeit zukommt, die von dem formalen Ansatz Bernoullis zu den tiefer liegenden Fragen und Erkenntnissen führt.

Bei den Versuchen, die angestellt werden, handelt es sich um das Eintreten von zwei Ereignissen A und B, die sich ausschließen.

Ist p die Grundwahrscheinlichkeit von A, q die entsprechende Wahrscheinlichkeit von B, so gilt durchweg $p + q = 1$.

Die Wahrscheinlichkeit w_α, daß in beliebiger Anordnung bei m Versuchen A α-mal, B $(m - \alpha)$-mal eintritt, ist dann

$$w_\alpha = \binom{m}{\alpha} p^\alpha q^{m-\alpha}.$$

Die Summe aller möglichen kombinierten Wahrscheinlichkeiten wird

$$\sum w_\alpha = \sum \binom{m}{\alpha} p^\alpha q^{m-\alpha} = (p + q)^m = 1,$$

wie es sein muß.

Es bietet sich zunächst die Fragestellung nach der Wiederholungszahl α, die die größte Wahrscheinlichkeit liefert.

In bekannter Weise ergibt sich für das so ausgerechnete α die Ungleichung

$$m\,p + p > \alpha > m\,p - q.$$

Da $m\,p + p - (m\,p - q) = 1$ wird, so gibt es im allgemeinen einen ganzzahligen Wert α, dem maximales w_α zukommt und der durch die Grenzgleichung bestimmt ist.

Für großes m liegt $\dfrac{\alpha}{m}$ zwischen $p + \dfrac{1}{m}$ und $p - \dfrac{1}{m}$, ein Ergebnis, das als die erste Form des Bernoullischen Theorems bezeichnet wird. An dieser Stelle setzen die analytischen Entwicklungen ein, die zur scharfen Fassung des Bernoullischen Theorems und zum Gesetz der großen Zahlen führen.

Insbesondere stellt man die beliebigen α entsprechenden Wahrscheinlichkeiten w_α als einfache Funktionen der maximalen Wahrscheinlichkeit w_α^* und der Abweichung der beliebigen Wiederholungszahlen α von der ausgerechneten zum Maximalwert w_α^* führenden Größe α^* dar. Dieser Darstellungsart entspricht im wesentlichen die Poissonform $w_v = \dfrac{e^{-y} y^v}{v!}$, die im folgenden für unsere Zwecke eingehend behandelt werden soll.

Um die Darstellung möglichst einfach zu gestalten, mache ich zunächst die Voraussetzung, daß die Gesprächslänge t ein fester Wert sei, eine Annahme, die später durch ganz allgemeine Voraussetzungen über die Gesprächslängen ersetzt werden soll.

Der Bernoulliwert der Wahrscheinlichkeit war

$$\overline{w}_v = \binom{c}{v} t^v (1 - t)^{c-v}.$$

Die Bestimmung des Wertes v mit maximaler Wahrscheinlichkeit führt wie bei Bernoulli auf die folgende Proportion:

$$\frac{v^*}{c - v^*} = \frac{t}{1 - t} \quad \text{oder} \quad \frac{c}{v^*} = \frac{1}{t},$$

d. h. $v^* = c\,t$ ist die Anzahl von Belegungen, der die maximale Wahrscheinlichkeit zukommt.

Die Bernoullische Theorie zeigt, daß v^* nur innerhalb eines Intervalls der Größe 1 bestimmt ist. Zweckmäßig ist es, davon abzusehen, v^* als ganzzahligen Wert zu betrachten, und man kommt schneller vorwärts, wenn man statt nach der Anzahl von Belegungen zu fragen, der die größte Wahrscheinlichkeit zukommt, nach der mathematischen Erwartung der Belegungszahlen fragt.

Sind $x_1, x_2, x_3, \ldots, x_n$ eine Reihe von Werten, die mit den Wahrscheinlichkeiten $w_1, w_2, \ldots, w_n$ zu erwarten sind, so ist die mathematische Erwartung

$$E = x_1 w_1 + x_2 w_2 + \ldots + x_n w_n = \sum_1^n x_\varkappa w_\varkappa.$$

Es empfiehlt sich, zur Bestimmung dieses Wertes die Wahrscheinlichkeiten $w_\varkappa$ in der Poissonform darzustellen, da die Bernoulliform rechnerische Umständlichkeiten mit sich bringt, die in den Bernoullischen Entwicklungen durch gewisse asymptotische Darstellungen umgangen werden, die hier aber nicht herangezogen werden sollen, da sie dem eigentlichen Ziel unserer Entwicklungen fremd sind.

Wir machen also die folgende Annahme:

Es gibt eine Größe $y = c \cdot t$, die in der Umgebung des Wertes v^* der Bernoulliform liegt, dem die größte Wahrscheinlichkeit w_v^* zukommt, ein Wert $y = c \cdot t$, der, als Parameter in der Poissonformel verwendet, Wahrscheinlichkeiten für die Belegungszahlen $w_v = e^{-y} \dfrac{y^v}{v!}$ gibt, die sehr wenig von den genauen Werten $\overline{w}_v$ der Bernoulliform abweichen. Wie dieser Parameter y aus dem Wert $c\,t$ zu bestimmen ist, soll später genauer untersucht werden.

Es wird also angenommen, daß eine Reihe von Werten (Belegungszahlen in einer gewissen konstanten Zeit t)

$$0, 1, 2, 3 \ldots, v - 1, v, v + 1, \ldots$$

mit den Wahrscheinlichkeiten eintritt.

$$w_0, w_1, w_2, \ldots, w_{v-1}, w_v, w_{v+1}, \ldots,$$

worin

$$w_\varkappa = e^{-y} \frac{y^\varkappa}{\varkappa!}.$$

Zunächst ist die Summe aller Wahrscheinlichkeiten

$$\sum_0^\infty w_\varkappa = e^{-y} \sum_0^\infty \frac{y^\varkappa}{\varkappa!} = e^{-y} \cdot e^{+y} = 1,$$

wenn $\varkappa$ alle ganzzahligen Werte von 0 bis ∞ durchläuft. Ich bilde die mathematische Erwartung

$$\sum_{\varkappa=0}^{\varkappa=\infty} \varkappa \cdot w_\varkappa = e^{-y} \cdot y \sum_0^\infty \frac{y^\varkappa}{\varkappa!} = e^{-y} \cdot y \cdot e^{+y} = y \,.$$

Die mathematische Erwartung für die nach dem Poissongesetz verteilten Werte $0, 1, 2, \ldots, v, \ldots$ ist genau gleich dem Parameter y der Poissonschen Verteilungsfunktion.

Wir bemerken, daß y sehr wenig abweicht von dem Wert aus unserer Reihe, dem die größte Wahrscheinlichkeit zukommt, und haben den wichtigen, die Poissonsche Verteilung kennzeichnenden Satz. Eine Werteverteilung, deren Wahrscheinlichkeiten durch die Poissonsche Verteilungsfunktion dargestellt werden, hat die ausgezeichnete Eigenschaft, daß in ihr der wahrscheinlichste Wert (v^* mit maximaler Wahrscheinlichkeit w_v^*) und der wahrscheinliche Wert (mathematische Erwartung) $= \sum_0^\infty \varkappa w_\varkappa$ nahezu einander gleich sind. Es ist später zu untersuchen, welche besonderen Eigenschaften einer Werteverteilung zukommen, bei der der wahrscheinlichste Wert mit der mathematischen Erwartung zusammenfällt.

Hier soll zunächst festgestellt werden, in welcher Weise der Wert $w_v = e^{-y} \dfrac{y^v}{v!}$ der Poissonformel abweicht von dem Wert $\overline{w}_v = \dbinom{c}{v} t^v (1-t)^{c-v}$ der Bernoulliformel, immer unter der einschränkenden Voraussetzung, daß t konstant und $y = c \cdot t$ ist.

Die Untersuchung, die am einfachsten durch Übergang zu den Logarithmen geführt wird, hat folgendes Ergebnis:

1. Beim Übergang von der Bernoulliform zur Poissonformel

$$w_v = \frac{e^{-y} \cdot y^v}{v!} \,,$$

wo y in der Umgebung des Wertes v^* liegt, dem die größte Wahrscheinlichkeit zukommt, wird der wahre Wert der Wahrscheinlichkeit

$$\overline{w}_v = \binom{c}{v} t^v (1-t)^{c-v}$$

multipliziert mit dem Faktor

$$\varLambda = e^{\frac{v}{c}\left(\frac{v-1}{2}-y\right)+\frac{y}{2}t\left(1+\frac{2}{3}t\right)} = e^E \,.$$

2. Soll die Poissonformel den genauen Wert $\overline{w}_v$ ergeben, so ist der Parameter y in dieser Formel so zu variieren, daß der Wert

$w_v = e^{-y}\,\dfrac{y^v}{v!}$ dabei mit einem Faktor $\overline{\varLambda}$ multipliziert wird, der aus der Bedingung

$$\overline{\varLambda}\cdot\varLambda = 1$$

folgt. Ich brauche kaum zu bemerken, daß eine für alle Wahrscheinlichkeitswerte w_v gültige Reduktion nicht durchführbar ist, da der Exponent

$$E = \frac{v}{c}\left(\frac{v-1}{2} - y\right) + \frac{y}{2}\,t\left(1 + \frac{2}{3}\,t\right)$$

von der Zahl v abhängt.

Die Korrektion wird zweckmäßigerweise vorgenommen für den Wert w_v, der als Index v die Anzahl der Verbindungswege (Leitungen) des Systems hat.

Denn dieser Wert w_v und eine aus ihm in später zu besprechender Weise abgeleitete Größe p_v sind maßgebend für die Berechnung der Verluste. Die Aufstellung einer guten Formel für den Verlustquotienten ist die Grundlage für die Behandlung aller tieferen Fragen, die wir zu lösen haben.

3. Bei dieser Beschränkung gilt durchweg die Ungleichung $v > y$ und die Differentialformel

$$\frac{\partial w}{\partial y} = w(y)\left(\frac{v}{y} - 1\right) > 0$$

zeigt, daß $w_v(y)$ zugleich mit y wächst und abnimmt.

4. Der Faktor λ ist allgemein > 1, also kommt ein Übergang des Parameters y auf $y - \varDelta y$ in Frage, damit w_v durch diese Parameteränderung abnimmt und ein Zusatzfaktor $\overline{\lambda} < 1$ auftritt.

5. Es wird

$$w(y - \varDelta y) = w(y) - \varDelta y\,w'(y - \vartheta\,\varDelta y);\qquad 0 < \vartheta < 1,$$

wo ϑ ein echter Bruch ist.

Für $w'(y - \vartheta\,\varDelta y)$ wird man setzen

$$w'(y - \vartheta\,\varDelta y) = w(y - \vartheta\,\varDelta y)\left(\frac{v}{y - \vartheta\,\varDelta y} - 1\right)$$

$$= w(y)(1 - \overline{\vartheta})\left(\frac{v}{y - \vartheta\,\varDelta y} - 1\right),$$

wo $\overline{\vartheta}$ ein echter Bruch ist, der von dem Quotienten $\dfrac{\varDelta y}{y}$ abhängt und in unserem Fall jedenfalls $< 0,1$ ist, wie die anschließenden Beispiele zeigen werden. Es kommt also

$$w(y - \Delta y) = w(y) - \Delta y\, w(y)(1 - \bar{\vartheta})\left(\frac{v}{y - \vartheta \Delta y} - 1\right).$$

Setze ich in der Klammer für $\dfrac{v}{y - \vartheta \Delta y}$ den Wert $\dfrac{v}{y}$, so verkleinere ich den Klammerfaktor, wogegen ich den Korrektionsfaktor

$$1 - \bar{\vartheta} = \frac{w(y - \vartheta \Delta y)}{w(y)}$$

unterdrücke. Dann kommt

$$w(y - \Delta y) = w(y)(1 - \sigma \Delta y),$$

wo für die relative Schwankung $\dfrac{v}{y} - 1 = \dfrac{v - y}{y}$ wie später immer der Buchstabe σ gesetzt wird.

6. Soll für w_v in der Poissonformel der wahre Wert gefunden werden, so muß werden

$$\bar{\Lambda} \cdot \Lambda = 1,$$

also

$$(1 - \Delta y \cdot \sigma)\, e^E = 1, \quad \text{d. h.} \quad 1 - \Delta y \cdot \sigma = e^{-E},$$

$$\Delta y = \frac{1 - e^{-E}}{\sigma}.$$

Da E ein kleiner echter Bruch ist, etwa von der Größenordnung $0\cdot1$, so ist es zur Vereinfachung der Formel zweckmäßig, die Exponentialfunktion e^E zu entwickeln und nach dem quadratischen Glied abzubrechen. Es wird dann

$$e^{-E} = 1 - \frac{E}{1} + \frac{E^2}{2!} - \cdots,$$

$$\Delta y = E\, \frac{1 - \dfrac{E}{2}}{\sigma}.$$

Zum Verständnis der Beispiele muß vorausgesetzt werden, daß bei Zulassung eines bestimmten Verlustquotienten, der meist gleich $\frac{1}{1000}$ festgesetzt ist, einer Anzahl v von Leitungen eines Systems ein bestimmter Wert $y = ct$ als mittlere Belegung zugeordnet ist.

B. Beispiele für die Parameterreduktion.

1. $v = 10$; $y = 3{,}3$; $t = \frac{1}{40} = 1^1/_2$ Min.;

$$c = \frac{y}{t} = 132 \text{ Belegungen};$$

$$E = \frac{v}{c}\left(\frac{v-1}{2} - y\right) + \frac{y}{2}\,t\left(1 + \frac{2}{3}\,t\right) = 0{,}1322;$$

$\Delta y = -0{,}062$.

2. $v = 20$; $y = 10{,}0$; $c = 400$; $E = 0{,}1246$; $\Delta y = -0{,}097$.

3. $v = 30$; $y = 16{,}5$; $c = 660$; $E = 0{,}1188$; $\Delta y = -0{,}133$.

Die Parameteränderung bewirkt eine genaue Korrektion für ein bestimmtes v^*, die Werte w_v mit $v \gtrless v^*$ bleiben auch bei Verwendung des Parameters $\bar{y} = y - \Delta y$ noch mit kleinen Fehlern behaftet, insbesondere werden die w_v mit $v > v^*$ bei Zugrundelegung des Wertes $y - \Delta y$ zu groß, da das diesen v-Werten zugeordnete, von y in Abzug zu bringende Δy größer als das für v^* bestimmte Δy sein müßte.

Diese Tatsache ist später bei der Berechnung der Verlustwerte zu berücksichtigen.

Die Struktur der Poissonformel $w_v = e^{-y}\,\dfrac{y^v}{v!}$ fordert dazu heraus, eine direkte Ableitung der Wahrscheinlichkeit in dieser Form zu versuchen. Man betrachtet den Faktor, der beim Übergang von w_v zu w_{v+1} hinzutritt.

Es wird

$$w_{v+1} = w_v\,\frac{y}{v+1}.$$

Wir nehmen an, daß y aus dem Bernoulli-Ansatz als wahrscheinlichster Wert der Belegungszahlen v gefunden ist, und können etwa so weiterschließen.

Sind v Verbindungswege belegt und kennt man die Wahrscheinlichkeit für diesen Zustand, also w_v, so berechnet sich w_{v+1} dadurch, daß man w_v mit der spezifischen mittleren Belegung multipliziert, die bei der Betätigung von $v+1$ Leitungen auf eine Leitung entfällt. Dieser Faktor ist aber $\lambda = \dfrac{y}{v+1}$. Man kann ausgehen von einer noch zu bestimmenden Wahrscheinlichkeit w_0, daß keine Leitung belegt ist, also kein Anruf erfolgt, und erhält dann die folgende Reihe von Gleichungen:

$$w_0 = w_0; \quad w_1 = w_0 \cdot \frac{y}{1}; \quad w_2 = w_0 \cdot \frac{y}{1} \cdot \frac{y}{2} = w_0 \cdot \frac{y^2}{2!};$$

$$w_3 = w_2 \cdot \frac{y}{3} = w_0 \cdot \frac{y^3}{3!}; \quad \text{allgemein} \quad w_v = w_0 \cdot \frac{y^v}{v!}.$$

Möglich ist zunächst jede Zahl v von Anrufen, die mit der zur Verfügung stehenden Anzahl v von Verbindungswegen nichts zu tun hat. w_0 bestimmt sich aus der Bedingung, daß die Summe aller Wahrscheinlichkeiten gleich 1 sein muß, d. h.

$$w_0 + w_1 + \cdots w_n = 1, \quad \text{für} \quad n = \infty;$$

$$w_0 \left(1 + \frac{y}{1} + \frac{y^2}{2!} + \cdots + \frac{y^n}{n!} \right) = 1;$$

$$w_0 \cdot e^y = 1; \quad \text{also} \quad w_0 = e^{-y}.$$

Damit ist die Poissonsche Verteilungsfunktion gefunden, zwar auf einem Wege, der nicht streng ist, aber sicher auch keine Verstöße gegen die Wahrscheinlichkeitsrechnung macht.

Die Vergleichung dieser Ableitung mit dem Ansatz von Bernoulli wird die Abweichung der beiden Formeln für die Wahrscheinlichkeit besonders deutlich zeigen und auch die Vernachlässigungen erkennen lassen, die sich bei dem direkten Ansatz der Poissonformel eingeschlichen haben.

Bei Bernoulli wird

$$\overline{w}_v = \binom{c}{v} t^v (1 - t)^{c-v},$$

$$\overline{w}_{v+1} = \binom{c}{v+1} t^{v+1} (1 - t)^{c-v-1},$$

also kommt

$$\overline{w}_{v+1} = \overline{w}_v \cdot \frac{c - v}{v + 1} \frac{t}{1 - t} = w_v \cdot \frac{ct}{v + 1} \frac{1 - \dfrac{v}{c}}{1 - \dfrac{y}{c}}.$$

Da $y = ct$ ist, so kommt:

$$\overline{w}_{v+1} = \overline{w}_v \frac{y}{v + 1} \cdot \frac{1 - \dfrac{v}{c}}{1 - \dfrac{y}{c}}.$$

Ganz angenähert wird man damit zufrieden sein können, wenn

der Quotient $\dfrac{1 - \dfrac{v}{c}}{1 - \dfrac{y}{c}} = 1$ gesetzt wird, insofern als y die mathe-

matische Erwartung der v-Werte, also ein guter Mittelwert dieser Zahlen ist.

Bei der Aufstellung der Poissonformel und der Herleitung ihrer Berechtigung bei den hier zu untersuchenden Wertverteilungen ist immer zu beachten, daß der Mittelwert c der Belegungszahlen und um so mehr die mittlere Belegung durch die Ansätze von Bernoulli nur näherungsweise bestimmt werden, und daß es für die zweckmäßige Verwendung der Poissonformel bei der Lösung unserer Aufgaben darauf ankommt, den richtigen Parameter y zu bestimmen, der die Werteverteilung möglichst gut beschreibt.

Für die Bestimmung von y werden später andere Bedingungen maßgebend werden.

Für einen Vergleich der Poissonwerte mit den Werten $\overline{w}_v$ aus der Bernoulliformel und mit den variierten Werten nach Poisson, die bei Zugrundelegung des korrigierten Parameters $\overline{y} = y - \Delta y$ sich ergeben, scheint mir die folgende kleine Zusammenstellung am Platze:

Anzahl der Verbindungswege $V = 10$; $y = 3{,}3$; $\overline{y} = y - \Delta y = 3{,}24$; $t = {}^1/_{40}$.

	Bernoulli	Poisson korrigiert mit $\overline{y} = 3{,}24$	Poisson
w_0	0,035 39	0,039 17	0,036 88
w_1	0,119 80	0,129 60	0,121 72
w_2	0,201 20	0,205 58	0,200 83
w_3	0,223 55	0,222 03	0,220 91
w_4	0,184 86	0,179 84	0,182 25
w_5	0,121 21	0,116 54	0,120 28
w_6	0,065 94	0,062 93	0,066 16
w_7	0,030 43	0,029 13	0,031 19
w_8	0,012 19	0,011 80	0,012 86
w_9	0,004 31	0,004 25	0,004 72
w_{10}	0,001 36	0,001 38	0,001 56
w_{11}	0,000 39	0,000 40	0,000 47
w_{12}	0,000 10	0,000 11	0,000 13
w_{13}	0,000 02	0,000 03	0,000 03

Wie früher bemerkt, ist eine vollständige Anpassung der Poissonwerte an die aus dem Bernoulli-Ansatz folgenden Wahrscheinlichkeiten nicht möglich; wir begnügen uns daher mit einer Parameteränderung Δy, die den richtigen Wert aus der Poissonformel ergibt, wo w_v die Grenzwahrscheinlichkeit ist, die der Anzahl V der zur Verfügung stehenden Verbindungswege entspricht.

Die bis jetzt behandelten Fragen der zweckmäßigen Darstellung der Wahrscheinlichkeit w_v sind zunächst zu ergänzen durch die Betrachtung des im allgemeinen zutreffenden Falles veränderlicher Gesprächslängen t, d. h. veränderlicher Grundwahrscheinlichkeit p im Ansatz von Bernoulli.

J. Bernoulli hat in seiner „Ars comjectandi" seinen Ansatz für die zusammengesetzten Wahrscheinlichkeiten von Ereignissen bei wiederholten Versuchen in der mathematisch gut überblickbaren Form der Binomialentwicklung nur machen können unter der Annahme, daß die Grundwahrscheinlichkeit p und damit ihr Komplementärwert $q = 1 - p$ während der ganzen Versuchsdauer konstant bleibt.

Bei dieser Festsetzung ist es möglich, die die Untersuchung fördernde Bestimmung der mit maximaler Wahrscheinlichkeit begabten Wiederholungszahl und weitergehend die zum Bernoullischen Theorem führenden analytischen Entwicklungen in durchsichtiger Form durchzuführen. Im ersten Stadium der Ausbildung der Wahrscheinlichkeitsrechnung (Fermat, Pascal, J. Bernoulli) blieben die Anwendungen der neu entwickelten Wissenschaft so gut wie ausschließlich auf Würfelversuche und Glücksspiele beschränkt. In diesem Versuchsgebiet kann die Voraussetzung von J. Bernoulli durchgängig als erfüllt angesehen werden. Die im „Gesetz der großen Zahlen"[1]) gipfelnden Entwicklungen Bernoullis mußten mit ihren das wirkliche Geschehen streifenden Aussagen zu Anwendungsversuchen auf anderen Gebieten Veranlassung geben.

Dabei erkannte man bald, daß die Voraussetzung konstanter Werte p und q im allgemeinen nicht erfüllt ist, daß die Betrachtungen Bernoullis zu ergänzen sind durch die Untersuchung des allgemeinen Falles veränderlicher Wahrscheinlichkeiten.

Diese wichtige Weiterführung der Bernoullischen Theorie verdankt man Poisson, dessen Veröffentlichungen auf diesem Gebiet mit dem Jahr 1835 einsetzen.

Poisson zeigt zunächst, daß Bernoullis Entwicklungen gültig bleiben, wenn man Bernoullis Ansatz (bei gewissen Einschränkungen über die Abweichungen der $p_\varkappa$ vom Mittelwert) für das arithmetische Mittel $\bar{p} = \dfrac{p_1 + p_2 + \cdots + p_n}{n}$ der verschiedenen Grundwahrscheinlichkeiten $p_\varkappa$ durchführt.

---

[1]) Der Name „Gesetz der großen Zahlen" stammt allerdings erst von Poisson, der ihn in seiner ersten Veröffentlichung über diesen Gegenstand (1835) in Vorschlag gebracht hat.

Poisson ergänzt diese erste Verallgemeinerung des Bernoullischen Ansatzes durch die folgende weitergehende. Er nimmt an, daß veränderliche Wahrscheinlichkeiten dadurch entstehen, daß bei dem Vorgang sich im Lauf der Versuche die wirkenden Ursachen ändern.

Entsteht die Wahrscheinlichkeit p_1 unter Wirkung der Ursache c_1, der selbst die Wahrscheinlichkeit π_1 zukommt, so wird die Durchschnittswahrscheinlichkeit des Vorganges

$$\overline{w} = \pi_1 \, p_1 + \pi_2 \, p_2 + \cdots + \pi_n \, p_n \,.$$

Poisson zeigt, daß $\overline{w}$ für den Vorgang insofern die Rolle einer einfachen Wahrscheinlichkeit übernimmt, als sich für diese Durchschnittswahrscheinlichkeit alle Schlüsse Bernoullis aufrechterhalten lassen.

Die Poissonverteilung der Werte hat sich als ein Kollektiv erwiesen, bei dem der „wahrscheinlichste Wert" (Wert, dem die maximale Wahrscheinlichkeit zukommt) und der „wahrscheinliche Wert" (mathematische Erwartung) sehr nahe einander gleich sind. Nennen wir der Kürze halber den ersten Wert M, den zweiten E, so wird man die Frage berechtigt finden, ob aus dem Zusammenfallen dieser beiden charakteristischen Größen irgendwelche allgemeinen Schlüsse auf die Struktur des Kollektivs gezogen werden können. Die Bestimmung von M mit dem Höchstwert w_M der Wahrscheinlichkeit trägt differentiellen Charakter, wogegen $E = y$ als mathematische Erwartung gleich einem Mittelwert wird, bei dessen Bildung die einzelnen möglichen Werte mit Gewichten versehen sind, die gleich den zugehörigen Wahrscheinlichkeiten werden. Die Festlegung von E trägt den Integralcharakter. Entsprechend den wesentlich verschiedenen Ausgangspunkten der Definition von M und E ist zu erwarten, daß der aus der Kenntnis des einen Wertes der beiden gewonnenen Einblick in die Struktur des Kollektivs durch die Adjunktion des zweiten vertieft wird. Für ein bestimmtes Verteilungsgesetz der Werte wird es im allgemeinen leichter sein, M als E zu bestimmen, und oft wird bei der Untersuchung von Wahrscheinlichkeitsgesetzen das leichter bestimmbare M an Stelle von E herangezogen. In dieser Hinsicht darf ich auf die interessanten Betrachtungen verweisen, die H. Poincaré zum Gaußschen Fehlergesetz anstellt.

Im allgemeinen treten die Größen M und E als Parameter in dem Wahrscheinlichkeitsgesetz auf, und im Fall, daß man in den erlaubten Fehlergrenzen $E = M$ setzen kann, läßt sich das Wahrscheinlichkeitsgesetz mit nur einem Parameter, also in besonders einfacher Form darstellen.

Man kann die Frage noch von einer anderen Seite betrachten:

Die mathematische Erwartung E ist eine mit Rücksicht auf die Wahrscheinlichkeiten zweckmäßig durchgeführte Mittelwertbildung, die als Zahlwert E in der Wertereihe eine bestimmte Stelle einnimmt. Diesem Wert E kommt eine bestimmte Wahrscheinlichkeit w_E zu, und man kann E für die funktionale Darstellung der Wahrscheinlichkeitswerte für um so geeigneter halten, je größer die Wahrscheinlichkeit für das Vorkommen des Zahlwertes E ist.

Je näher also E bei M liegt, um so besser wird die auf E als Parameter gegründete Darstellung der Werteverteilung des Kollektivs sein.

VI. Verlustwerte bei begrenzter Zahl von Verbindungswegen.

Übersicht.

Die kritische Bearbeitung des Grinstedtschen Verfahrens der Verlustrechnung durch R. Holm führte zur Einführung einer rechnerischen Vergrößerung der Belastung. Die Holmsche Schattentheorie reicht aber nicht aus. Der Abschnitt enthält eine strenge Schattentheorie.

A. Die Hilfsfunktion $p\,(y,\,v)$.

Die Funktion $p\,(y,\,v)$ ist von R. Holm eingeführt worden zur genauen Berechnung der Verlustwerte, die sich beim Ausgang von der Funktion $w\,(y,\,v)$ im Vergleich zur Erfahrung als zu klein ergeben. W. H. Grinstedt hat im Jahre 1907 angefangen, auf die Massenerscheinungen des Fernsprechverkehrs konsequent die Methoden der Wahrscheinlichkeitsrechnung anzuwenden, wobei er naturgemäß in den zum Bernoullischen Theorem führenden Ansätzen und Überlegungen seinen Ausgangspunkt fand und vom Bernoullischen Ansatz bald zur etwas in Vergessenheit geratenen Poissonschen Verteilungsfunktion gelangte. Die Frage nach den Verlustwerten bei begrenzter Anzahl von Verbindungswegen ist die zentrale des ganzen Problems, insofern als mit ihr die ungemein wichtige Frage nach der Leistung und dem Wirkungsgrad eines Systems von Leitungen eng verknüpft ist.

Das Problem ist das folgende:

Man läßt einen bestimmten kleinen Bruchteil von Anrufen zu, die dadurch verloren gehen, daß keine freien Verbindungswege zur Verfügung stehen. Man weiß, daß s Teilnehmer einer bestimmten Fernsprechanlage in der Zeiteinheit einer Verkehrsstunde c Belegungen von der durchschnittlichen Dauer t einer Gesprächslänge erzeugen, was einer mittleren Anzahl (mathematische Erwartung) $y = ct$ gleichzeitig belegter Leitungen entspricht.

Man läßt, wie es üblich ist, einen Verlustquotienten $k = \frac{1}{1000}$ der Hauptverkehrsstunde zu, der dadurch entsteht, daß die gegebene Zahl von Leitungen nicht den ganzen Verkehr bewältigen können, und fragt dann: „Wie groß muß die Anzahl V von Verbindungswegen sein, damit ein Verkehr mit der mittleren Belegung $c \cdot t = y$ bewältigt wird bis auf $^1/_{1000}$ seines Betrages, das verloren gehen darf?" Hier haben wir uns mit dem Grinstedtschen Ansatz zur Bestimmung des Verlustquotienten zu beschäftigen.

Die Anzahl der Leitungen ist V. Kommen $V + 1$ Belegungen gleichzeitig, so wird der Verlust

$$\varDelta_1 = w_{v+1} + w_{v+2} + \cdots + w_n,$$

kommen $V + 2$ Belegungen gleichzeitig vor, so wird

$$\varDelta_2 = w_{v+2} + w_{v+3} + \cdots + w_n \qquad\qquad (n = \infty)$$

Für die gleichzeitige Belegung von $v + \varkappa$ Verbindungswegen kommt:

$$\varDelta_\varkappa = w_{v+\varkappa} + w_{v+\varkappa+1} + \cdots + w_n.$$

Der Gesamtverlust wird

$$\varDelta(v) = \varDelta_1 + \varDelta_2 + \cdots + \varDelta_n$$

$$= \sum_1^n \varDelta_i \qquad\qquad (n = \infty),$$

also $\quad \varDelta(V) = 1 \cdot w_{v+1} + 2\, w_{v+2} + 3\, w_{v+3} + \cdots + n\, w_{v+n}.$

Es wird der Verlustquotient nach Grinstedt

$$V(y, v) = \frac{\varDelta(V)}{y} = \frac{1}{y} \sum_{\varkappa=v+1}^{\varkappa=\infty} (\varkappa - V)\, w_\varkappa.$$

R. Holm erkannte beim Vergleich zwischen Rechnung und Beobachtung, daß die Grinstedtsche Verlustformel nicht richtig sein könne und er spricht in seinem Aufsatz im „Archiv für Elektrotechnik" 1920 die Vermutung aus, daß Grinstedt selbst seine seit 1907 durchgeführten Berechnungen nicht für einwandfrei gehalten und deswegen mit ihrer Veröffentlichung bis 1915 gezögert habe.

Holm hat das Verdienst, nach seiner Erkenntnis der Unzulänglichkeit der Grinstedtschen Methode, diese Betrachtung in wertvoller Weise ergänzt zu haben.

Die Holmsche Hilfsfunktion $p(y, v)$. Die Funktion $p(y, v)$ ist nach dem einleitend Bemerkten von R. Holm eingeführt worden zur genauen Berechnung der Verlustwerte, die sich beim Ausgang von der Funktion $w(y, v)$ im Vergleich zur Erfahrung als zu klein ergaben. Darüber hinaus führt diese Hilfsfunktion in einfacher Weise zur Berechnung der Belegungswerte der einzelnen Leitungen.

Holm definiert $p_v\,(y,\,v)$ als die Wahrscheinlichkeit dafür, daß die höchstbezifferte besetzte Leitung die Nummer v hat. Es wird demnach nicht gefordert wie im Falle der verwandten Funktion $w\,(y,\,v)$, daß alle Leitungen $1,\,2,\,\ldots(v-1,\,v)$ besetzt seien, vielmehr können beliebige der Leitungen $1,\,2,\,3,\,\ldots,\,v-1$ während des betrachteten Zeitintervalls t ausfallen.

Die in $p\,(y,\,v)$ liegende Bedingung ist also weniger scharf, als die mit $w\,(y,\,v)$ verbundene. Da einem leichter zu verwirklichenden Zustand die größere Wahrscheinlichkeit zuzuschreiben ist, so muß gelten

$$p\,(y,\,v) > w\,(y,\,v). \tag{A}$$

Für die folgenden Betrachtungen ist durchgängig $v > y$ anzunehmen. Es wird

$$w\,(y,\,v) = \frac{e^{-y}\cdot y^v}{v!}, \qquad \frac{\partial w}{\partial y} = w\,(y,\,v)\left(\frac{v}{y}-1\right), \quad \text{also} > 0.$$

Die Ungleichung (A) ist also sicher erfüllt, wenn man $p\,(y,\,v)$ die Form von $w\,(y,\,v)$ gibt und an Stelle des Parameters y einen etwas größeren Parameter $\eta = y + q$ wählt.

Den Zuschlag q findet Holm für alle Systeme mit $y > 1{,}5$ als konstanten Wert $q = \frac{1}{2}$, für Systeme mit kleinem y bestimmt er $q = \dfrac{y^2}{4}$. Holm arbeitet mit einer geometrischen Näherungsmethode, die nicht ganz überzeugend erscheint. Sein Resultat ist also folgendes:

Die mittlere Belegung eines Systems sei $y = c \cdot t$, dann wird die Wahrscheinlichkeit, daß v Leitungen gleichzeitig belegt sind,

$$w_v = \frac{e^{-y}\cdot y^v}{v!}.$$

Will man die Wahrscheinlichkeiten der Belegung einzelner Leitungen funktional darstellen, so muß beachtet werden, daß eine Belegung z. B. der Leitung Nr. v stattfindet:

1. Im Zeit-Bruchteil w_v, währenddessen alle v Leitungen besetzt zu erwarten sind.

2. In gewissen Zeitteilen $\varDelta t$, in denen die Leitungen $1,\,2,\,\ldots,\,v-1$ nicht sämtlich besetzt zu sein brauchen. Daraus folgt, daß diese zweite Werteverteilung einen Parameter η haben wird, der größer als y sein muß, da ja zu der mathematischen Erwartung y der Anzahlen v gleichzeitig belegter Leitungen noch ein Zusatzwert q hinzutritt, um bei der Holmschen Bezeichnungsweise zu bleiben.

B. Bestimmung des Wertes q.

Ich gehe aus von dem Zustand, daß die Leitung Nr. v belegt ist. Zunächst wird angenommen, daß alle Leitungen $1, 2, \ldots, v-1$ belegt sind.

Dann berechne ich den Anteil der Leitung Nr. v an den Zuständen, wo nur $v-2, \ldots, 2, 1$ Leitung von den $v-1$ Leitungen belegt sind.

Diese Beteiligung der Leitung Nr. v an den Zuständen unvollständiger Belegung $Z_{v-2}, Z_{v-3}, \ldots, Z_2, Z_1$ ergibt zur mittleren Belegung $y = c \cdot t$ einen Zuschlag, den Dr. Holm mit q bezeichnet. Die mittlere Belegung $y = c \cdot t$ ergab sich früher durch die Bestimmung der mathematischen Erwartung für die Anzahl gleichzeitig belegter Leitungen, also die Anzahl gleichzeitiger Gespräche.

Es war

$$y = \sum_{v=1}^{v=\infty} v \cdot w_v,$$

wobei die w_v durch die Poissonsche Verteilungsfunktion bestimmt sind, als deren Parameter gerade $y = ct$ auftritt. Bei der Verteilung der Belegungsanteile auf die einzelnen Leitungen ist nach dem vorhin Bemerkten an Stelle von y ein Parameter einzuführen

$$\eta = y + q = y\left(1 + \frac{q}{y}\right) = ct\left(1 + \frac{q}{y}\right).$$

Da die mathematische Erwartung der Anzahlen v vollständiger gleichzeitiger Belegungen nicht größer als $y = ct$ sein kann, so haben wir q als eine fingierte Belegung zu betrachten, die nur im Parameter $\eta = y + q$ der Werte-Verteilungsfunktion der Belegungsanteile zur Geltung kommt. Dieser Tatsache haben wir später bei der Berechnung der Belegungsanteile der einzelnen Leitungen Rechnung zu tragen. Die Zustände $Z_{v-1}, Z_{v-2}, \ldots$ entstehen aus dem Zustand Z_v gleichzeitiger Belegung aller v Leitungen, für den die Wahrscheinlichkeit $w_v(y) = \dfrac{e^{-y} \cdot y^v}{v!}$ ist, dadurch, daß nach Beendigung von Gesprächen 1, 2 oder mehr Leitungen auf kurze Zeiten ausfallen. Dieser Vorgang soll während eines Zeitteils t betrachtet werden, der gleich der mittleren Länge eines Gesprächs wird. Das Ausfallen der Leitungen ist ein ähnlicher, reziproker Vorgang zu dem der Belegung der Leitungen Nr. 1, 2, ... Ich nehme an, daß die wahrscheinliche Anzahl (mathematische Erwartung) gleichzeitig ausfallender Leitungen gleich sei s, wo s ein vorläufig unbestimmter Parameter ist, dann sind die Wahrscheinlichkeiten, daß 0, 1, 2, ... Leitungen gleichzeitig ausfallen:

$$\vartheta_0 = e^{-s}, \qquad \vartheta_1 = e^{-s} \cdot \frac{s}{1}, \qquad \ldots, \qquad \vartheta_{v-1} = \frac{e^{-s} \cdot s^{v-1}}{(v-1)!}.$$

Da ϑ_0, die Wahrscheinlichkeit, daß keine Leitung ausfällt, gleich e^{-s} ist, so wird der Bruchteil der Zeit t, währenddessen mindestens eine der $v-1$ Leitungen $1, 2, \ldots, v-1$ ausfällt, also keine gleichzeitige Belegung aller v Leitungen stattfindet, gleich $(1 - e^{-s}) t$.

Der spezifische zu erwartende Ausfall einer Leitung wird $= \frac{s}{v}$. Berechnet werden soll der Anteil, den die Leitung Nr. v an den Zuständen unvollständiger Belegung hat.

Es gibt dann

$$t_v = 1 - e^{-s} - \frac{s}{v} \tag{11}$$

den Bruchteil der Zeit einer mittleren Gesprächslänge t an, währenddessen die Leitung Nr. v an der unvollständigen Belegung beteiligt ist.

Es ist t_v gleich dem Holmschen Zuschlagswert q, den Holm, wie früher bemerkt, für alle Systeme mit $y > 1{,}5$ konstant $= \frac{1}{2}$ setzt.

Der Parameter für die Holmsche Hilfsfunktion $p(y, v)$ wird

$$\eta = y + q = y + t_v.$$

Es wird

$$p(y, v) = w(\eta, v) = \frac{e^{-\eta} \cdot \eta^v}{v!}.$$

Es bietet sich hier eine Parameteränderung Δy dar, die der Klasse 1 der ungefährlichen Änderungen angehört, indem hier die mittlere wahre Gesprächslänge t übergeht in

$$t^* = t\left(1 + \frac{q}{y}\right).$$

Es erscheint mir angebracht, die Bestimmung des Holmschen Zuschlagswertes q auf einem direkten, mehr rechnerischen Wege auszuführen, wie er sich zuerst bei der Untersuchung dieser Frage dargeboten hat.

Ich unterscheide v Zustände

$$Z_v \ldots \ldots v \text{ Leitungen sind besetzt,}$$

$$Z_{v-1} \ldots \ldots 1 \text{ Leitung fällt aus,}$$

$$Z_{v-2} \ldots \ldots 2 \text{ Leitungen fallen aus,}$$

$$Z_2 \ldots \ldots v - 2 \text{ Leitungen fallen aus,}$$

$$Z_1 \ldots \ldots v - 1 \text{ Leitungen fallen aus.}$$

Die Wahrscheinlichkeit, daß v Leitungen ausfallen, setze ich $\vartheta(v) = \dfrac{e^{-s} \cdot s^v}{v!}$, wo s der vorhin eingeführte Parameter des reflektorischen Vorgangs ist.

Die Wahrscheinlichkeit, daß L_v ausfällt, ist:

$$\frac{1}{v} \text{ mal der Wahrscheinlichkeit des Zustandes } Z_{v-1},$$

$$\text{sie ist} \quad \frac{2}{v} \quad \text{\textquotedbl} \quad \text{\textquotedbl} \qquad \text{\textquotedbl} \qquad \text{\textquotedbl} \qquad \text{\textquotedbl} \qquad Z_{v-2},$$

$$\frac{v-2}{v} \quad \text{\textquotedbl} \quad \text{\textquotedbl} \qquad \text{\textquotedbl} \qquad \text{\textquotedbl} \qquad \text{\textquotedbl} \qquad Z_2,$$

$$\frac{v-1}{v} \quad \text{\textquotedbl} \quad \text{\textquotedbl} \qquad \text{\textquotedbl} \qquad \text{\textquotedbl} \qquad \text{\textquotedbl} \qquad Z_1.$$

Die Wahrscheinlichkeit, daß L_v an dem Zustand Z_{v-1} beteiligt ist, wird $= \vartheta(1)\left(1 - \dfrac{1}{v}\right)$, die Wahrscheinlichkeit, daß L_v an dem Zustand Z_{v-2} beteiligt ist, wird $= \vartheta(2)\left(1 - \dfrac{2}{v}\right)$, usw., so daß wir für die Gesamtbeteiligung von L_v an den Zuständen Z_{v-1}, Z_{v-2}, ..., Z_2, Z_1 den Wert erhalten:

$$\varDelta = \vartheta_1\left(1 - \frac{1}{v}\right) + \vartheta_2\left(1 - \frac{2}{v}\right) + \cdots + \vartheta_{v-2}\left(1 - \frac{v-2}{v}\right)$$
$$+ \vartheta_{v-1}\left(1 - \frac{v-1}{v}\right),$$

$$\varDelta = \vartheta_1 + \vartheta_2 + \cdots + \vartheta_{v-2} + \vartheta_{v-1} -$$
$$- \frac{1\vartheta_1 + 2\vartheta_2 + \cdots + (v-2)\vartheta_{v-2} + (v-1)\vartheta_{v-1}}{v}$$

$$= e^{-s}\left(\frac{s}{1} + \frac{s^2}{2!} + \cdots + \frac{s^{v-1}}{(v-1)!}\right) - e^{-\bar{\delta}} \cdot \frac{s}{v},$$

wo $\bar{\delta}$ ein kleiner echter Bruch ist.

Es wird $\sum\limits_{v=0}^{v=\infty} v\,\vartheta_v = s$, also die bei $v-2$ abgebrochene Reihe $= s(1 - \varepsilon) = e^{-\bar{\delta}} \cdot s$.

Für unseren Wert $\varDelta$ kommt demnach:

$$\varDelta = e^{-\delta} - e^{-s} - \frac{e^{-\bar{\delta}}s}{v} \longrightarrow e^{-\overline{\overline{\delta}}}\left(1 - e^{-s} - \frac{s}{v}\right).$$

Hierbei wird $e^{-\overline{\overline{\delta}}}$ die Gesamtzeit der von den Zuständen Z_{v-1},

$Z_{v-2}, \ldots, Z_2, Z_1$ ausgefüllten Zeit, wenn die mittlere Länge eines Gesprächs $t = 1$ gesetzt wird.

Die Formel sagt aus, daß der Bruchteil $t_v = 1 - e^{-s} - \dfrac{s}{v}$ dieser Zeit von der v-ten Leitung mit belegt ist, so daß $q = 1 - e^{-s} - \dfrac{s}{v}$ der Zuschlagswert ist, durch den aus der wahren mittleren Belegung $y = c \cdot t$ durch Addition der fingierte Belegungswert $\eta = y + q$ entsteht, der als Parameter der Verteilungsfunktion $p(v)$ für die Belegungsbeteiligung der einzelnen Leitungen zugrunde zu legen ist.

Der Gesamtwert der fingierten mittleren Belegung (vollständige $+$ unvollständige Belegung) ist also

$$\eta = y + q = y\left(1 + \frac{q}{y}\right) = c \cdot t^*,$$

wo $t^* = t\left(1 + \dfrac{q}{y}\right)$ ist.

Man kommt von der normalen mittleren Belegung $y = c\,t$ zur fingierten mittleren Belegung η, wenn man die mittlere Gesprächslänge von t auf $t^* = t\left(1 + \dfrac{q}{y}\right)$ ausdehnt.

C. Die Bestimmung des Parameters s und die Berechnung des Verschiebungswertes q.

Nach dem Vorigen muß e^{-s} der Bruchteil einer mittleren Gesprächslänge sein, der mit v gleichzeitig belegten Leitungen ausgefüllt werden kann. Es wird also

$$e^{-s}\,t = w_v, \qquad e^{-s} = \frac{w_v}{t}. \tag{12}$$

Nimmt man als mittlere Gesprächslänge $t = {}^1/_{30}$ Stunde $= 2$ Minuten an, so ergeben sich für eine Reihe von Systemen die folgenden s- und q-Werte:

V bedeutet die Anzahl von Leitungen des Systems:

V	y	s	q
5	1,2	1,67	0,479
10	3,4	2,87	0,656
15	6,5	2,92	0,751
20	9,9	2,98	0,800
30	16,5	3,75	0,852

Bei der erstmaligen Bestimmung von q kam es auf die Festsetzung eines geeigneten Mittelwertes an, der für die Berechnung der Belegungsanteile der einzelnen Leitungen zweckmäßig erschien.

Es bot sich da zunächst der Gedanke, in dem Ansatz

$$q = 1 - \left(e^{-s} + \frac{s}{v}\right) = 1 - \xi(s)$$

den Parameter s dadurch zu bestimmen, daß man das Minimum von $\xi(s)$ einführt, in dessen Umgebung die Funktion $\xi(s)$ sich langsam ändert.

Das gibt $\xi(s) = e^{-s} + \dfrac{s}{v} = $ Minimum:

$$\frac{d\xi(s)}{ds} = 0 = -e^{-s} + \frac{1}{v},$$

also $e^{+s} = v$:

$$\underline{s = \ln v.} \tag{13}$$

Die Berechnung der q-Werte in den vorhin angegebenen Fällen ergibt die folgende Zusammenstellung:

V	y	q
5	1,2	0,478
10	3,4	0,670
15	6,5	0,752
20	9,9	0,800
30	16,5	0,853

Die mit den beiden verschiedenen Ansätzen erhaltenen Werte stimmen sehr gut überein. Der zwischen den beiden Überlegungen bestehende Zusammenhang ist aufzudecken.

D. Kennzeichnung der Minimumsmethode.

Die Forderung $\dfrac{d\xi(s)}{ds} = 0$ führt zu der Beziehung $e^{-s} = \dfrac{1}{v}$, woraus folgt:

$$e^{-s} \cdot \frac{s}{1} = \frac{s}{v}.$$

Diese Gleichung sagt aus, daß die Wahrscheinlichkeit des Ausfalls e i n e r Leitung gleich dem spezifischen (mittleren) Ausfallsanteil einer Leitung wird.

Sie sagt aus, daß in bezug auf den Ablauf der Ausfallsvorgänge alle Leitungen gleichberechtigt sind. Das bedingt, daß die Gespräche in ihrer Dauer wenig von dem Normalwert abweichen, oder daß größere Abweichungen nur in sehr begrenzter Anzahl (vgl. Verteilungsgesetz der Gesprächslängen) vorkommen. In diesem Fall ist die Beteiligung irgendeiner Leitung Nr. v an den Zuständen unvollständiger Belegung so groß als möglich, denn $\xi(s)$ hat seinen Minimalwert, also $q = 1 - \xi(s)$ seinen Maximalwert.

Welchen Einfluß diese Tatsache auf die Größe der Belegungsanteile der einzelnen Leitungen hat, wird sich bei deren Berechnung ergeben. Man kann die Aufstellung der Funktion ohne Kenntnis der w-Funktion durchführen, wenn man genau wie bei dieser von dem Ansatz J. Bernoullis ausgeht, als Grundwahrscheinlichkeit aber nicht die normale Gesprächslänge $\bar{t}$ wählt, sondern die bei der Frage der Belegungswahrscheinlichkeit der einzelnen Leitungen auftretende vergrößerte Zeiteinheit $t^* = \bar{t}(1 + \alpha)$, wo sich α durch Analyse der in der Einheit einer mittleren Gesprächslänge sich abspielenden Vorgänge zu $\alpha = \dfrac{q}{y}$ ergibt.

Es braucht kaum darauf hingewiesen zu werden, daß sich aus dem so abgeänderten Bernoulli-Ansatz

$$\pi_v = \binom{c}{v} t^{*\,v} (1 - t^*)^{c-v}$$

durch Grenzübergang genau wie früher die Poissonsche w-Funktion

$$w_v = \frac{e^{-y} \cdot y^v}{v!},$$

hier die Holmsche Belegungsfunktion

$$p_v = \frac{e^{-\eta} \cdot \eta^v}{v!}$$

ergibt.

Ich komme zu dem Ausgangspunkt dieses Paragraphen zurück, der als Stichwort die Verlustwerte bei begrenzter Anzahl von Leitungen führte. Die berechtigte Kritik, die R. Holm an der Grinstedtschen Formel für $V(y, V)$ übte und die positiven Änderungen, die er, von dieser Beurteilung der gebräuchlichen Methode ausgehend, eingeführt hat, haben uns mit ihrer Darstellung und Weiterführung von dem Ausgangspunkt dieses Paragraphen etwas abkommen lassen. Ich komme zur Holmschen Formel für den Verlustquotienten.

Diese wird im Anschluß an Grinstedt mit Berücksichtigung der Holmschen Verbesserung

$$V(\eta, V) = \frac{1}{\eta} \sum_{\varkappa = v+1}^{k=\infty} p_\varkappa (k - v) = \frac{1}{\eta} \sum_{k=v+1}^{k=\infty} (k - v) \cdot \frac{e^{-\eta} \eta^k}{k!},$$

wenn V wie früher die Anzahl der Leitungen des Systems bezeichnet. Zur Berechnung ist diese Formel wenig, zur Ableitung weiterer Tatsachen gar nicht geeignet. Es kommt darauf an, den Verlustquotienten $V(y, V)$ in geschlossener Form darzustellen, was durch Summierung der Reihe ausführbar ist.

E. Darstellung des Verlustquotienten.

Das System habe V Leitungen und eine mittlere Belegung y. Dann wird, wenn $\eta = y + q$ der für die Verteilung der Leitungsbelegungen maßgebende Parameter ist:

$$V(y, V) = \frac{1}{\eta}\left\{\frac{e^{-\eta} \cdot \eta^{V+1}}{(V+1)!} + \frac{2\,e^{-\eta} \cdot \eta^{V+2}}{(V+2)!} + \frac{3\,e^{-\eta} \cdot \eta^{V+3}}{(V+3)!} + \cdots + \right\}$$

$$= \frac{1}{\eta} \sum_{x=V+1}^{x=\infty} (x-V) \cdot \frac{e^{-\eta} \cdot \eta^{x}}{x!}.$$

Es wird

$$V(\eta, V)$$

$$= \frac{1}{\eta} \cdot \frac{e^{-\eta} \cdot \eta^{V+1}}{(V+1)!}\left\{1 + \frac{2\,\eta}{V+2} + \frac{3\,\eta^2}{(V+2)(V+3)} + \frac{4\,\eta^3}{(V+2)(V+3)(V+4)} + \cdots + \right\}.$$

Die Reihe in der Klammer konvergiert gleichmäßig. Es gibt sicher einen wenig über V liegenden Wert $\overline{V} = V + k$ der Beschaffenheit, daß sich die Reihe in der folgenden einfachen Form darstellen läßt, sobald $\dfrac{\eta}{V+k} = u$ gesetzt wird.

$$V(y, V) = \frac{e^{-\eta} \cdot \eta^{V}}{(V+1)!}\left\{1 + 2u + 3u^2 + 4u^3 + \cdots + \right\} \qquad \underline{u < 1}.$$

Es ist

$$1 + 2u + 3u^2 + 4u^3 + \cdots + = \frac{d}{du}(u + u^2 + u^3 + \cdots +)$$

$$= \frac{d}{du}\left(\frac{u}{1-u}\right) = \frac{1}{(1-u)^2}.$$

Beachtet man, daß $u = \dfrac{\eta}{V+k} = \dfrac{y\left(1 + \dfrac{q}{y}\right)}{V\left(1 + \dfrac{k}{V}\right)}$ jedenfalls sehr wenig von

$\dfrac{y}{V} = \zeta$, der spezifischen Belegung des Systems, verschieden ist, so kommt schließlich als brauchbare Näherungsformel zur Darstellung des Verlustquotienten

$$V(y, V) = \frac{p_V}{V+1} \cdot \frac{1}{(1-\zeta)^2}. \qquad\qquad (14)$$

F. Numerische Prüfung der Formel.

Aus der Forderung $V(y, V) = \frac{1}{1000}$ bestimmen sich für $V = 10$ und $V = 20$ die Werte $y = 3{,}33$ und $y = 10{,}44$ bei Zugrundelegung der Reihe für den Verlustquotienten.

Setzt man die Formel (14) an und bestimmt u aus der Bedingungsgleichung

$$V(y, V) = \frac{p_V}{V + 1} \cdot \frac{1}{(1 - u)^2} = \frac{1}{1000},$$

so erhält man im Falle $V = 20$ den Wert $u = 0{,}5172$ an Stelle von $\zeta = 0{,}522$. Für $V = 10$ kommt $u = 0{,}3136$ an Stelle von $\zeta = 0{,}333$. Man wird zur Verschärfung der Näherungsformel deswegen ζ mit einem Koeffizienten $\lambda = e^{-\alpha}$ zu versehen haben, der etwa $= 0{,}95$ wird, so daß $\alpha = 0{,}05$ wird.

Diese Maßnahme ist erforderlich wegen der Folgerungen, die aus der Verlustformel gezogen werden sollen.

Für die Verlustrechnung und die Bestimmung des zu einem gegebenen V gehörigen y genügt die Näherungsformel.

Wir schreiben also:

$$V(y, V) = \frac{p_V}{V + 1} \cdot \frac{1}{(1 - e^{-\alpha}\zeta)^2}. \qquad (15)$$

Für die spätere Verwendung der Formel ist es zweckmäßig, an Stelle von ζ die spezifische „fingierte" Belegung $\vartheta = \frac{\eta}{V}$ in die Rechnung einzuführen.

Es ist

$$\vartheta = \frac{\eta}{V} = \frac{y\left(1 + \frac{q}{y}\right)}{V} = \zeta\left(1 + \frac{q}{y}\right) = \zeta\, e^{\beta},$$

also kommt für ζ der Wert $\zeta = e^{-\beta} \cdot \vartheta$, und die Verlustformel schreibt sich wie folgt:

$$V(y, V) = \frac{p_V}{V + 1} \cdot \frac{1}{(1 - e^{-\gamma} \cdot \vartheta)^2}. \qquad (16)$$

Über den Zusammenhang der p-Funktion mit der w-Funktion, der sich in der Holmschen Verschiebungsvergleichung

$$p(y) = w(y + q) = w(\eta)$$

ausdrückt, mag noch folgendes bemerkt sein:

R. Holm erkannte beim Vergleich der nach der Grinstedtschen Verlustformel

$$V\,(y,\,V) = \frac{1}{y} \sum_{x=V+1}^{x=\infty} (x - V) \cdot \frac{e^{-y} \cdot y^x}{x!}$$

berechneten Werte des Verlustquotienten mit dem Ergebnis der Messungen, daß die Formel von Grinstedt nicht richtig sein könne. Deswegen führt Holm neben der Funktion $w_v\,(y)$ von Poisson eine Hilfsfunktion $p_v\,(y)$ ein, die er durch eine Transformation aus dieser ableitet.

Ohne alle umständlichen Betrachtungen über das Wesen der p-Funktion lassen sich die Maßnahmen Holms etwa so zusammenfassen und rechtfertigen:

1. Zu bestimmen ist die Wahrscheinlichkeit, daß während einer festgesetzten Zeiteinheit v Belegungen gleichzeitig bestehen. Die Grundwahrscheinlichkeit, von der der Bernoullische Ansatz auszugehen hat, ist die normale (mittlere) Gesprächslänge t.

Die übliche Frage nach der Anzahl v^*, der die größte Wahrscheinlichkeit zukommt, führt auf einen Zahlwert v^*, der um so näher an $y = ct$ liegt, je größer c und je kleiner t ist. y hat eine doppelte Bedeutung:

Einmal ist y ein Belegungswert (Zeitwert) $= ct$. Dann ist y ein Zahlwert $y = \Sigma v \cdot w_v$ als mathematische Erwartung für die Anzahl gleichzeitiger Gespräche.

Die zweite Definition von y ergibt sich unmittelbar aus der Poissonformel, in der y als Parameter auftritt.

2. Zu bestimmen ist die Zeit, während der die einzelnen Leitungen belegt sind, z. B. für die Berechnung des Verlustquotienten. Dabei ist zu beachten, daß die Leitung Nr. v nicht nur während der Zeit w_v (Gesamtzeit $T = 1$) belegt ist, in der alle Leitungen $1, 2, \ldots, v-1, v$ in Tätigkeit sind, sondern auch in Zeitteilen, wo irgendwelche der Leitungen $1, 2, \ldots, v-1$ vorübergehend ausfallen. (Gesprächspausen.)

An die Stelle der mittleren wahren Belegung $y = ct$ tritt eine neue Größe $\eta = y + q = ct\left(1 + \dfrac{q}{y}\right)$, die eine fingierte Belegung darstellt.

Der Bernoullische Ansatz ist mit der Grundwahrscheinlichkeit $t^* = t\left(1 + \dfrac{q}{y}\right)$ aufzubauen, und es tritt beim Grenzübergang zur Poissonformel an die Stelle des Parameters $y = ct$ der neue Parameter $\eta = y + q = ct^*$. Wegen dieser einfachen Transformation mag die aus $w_v(y)$ abgeleitete Funktion

$$p_v(y) = w_v(y+q) = w(\eta)$$

als Verschiebungsgleichung bezeichnet werden.

Wie schon früher bemerkt worden, ist diese Transformation in die Klasse der unwesentlichen Änderungen des Parameters y einzureihen, da durch sie keine Änderungen in den Dispersionseigenschaften des Kollektivs bewirkt werden.

VII. Die Leistung der einzelnen Verbindungsleitungen.

Übersicht.

Für die später folgende Theorie der Zusammensetzung und Teilung der Verkehrsmengen ist die Kenntnis der Abhängigkeit der Leistung jeder einzelnen Verbindungsleitung von der aufgedrückten Belastung notwendig. Dieser Zusammenhang wird erläutert. Man kann der Gesamtheit aller Verbindungsleitungen eine durchschnittliche Leistung (ζ) zuteilen. Diese Größe spielt eine wichtige Rolle. Sie folgt einem überraschend einfachen logarithmischen Gesetz, das durch die Messungen bestätigt wird.

A. Belegung der einzelnen Leitungen.

Teilbelegungen der einzelnen Leitungen. Spezifische Belegung.

1. Bestimmung der Teilbelegungen für die einzelnen Leitungen.

2. Spezifische Belegung $\zeta = \dfrac{y}{v}$ eines Systems von v Leitungen.

3. Empirisches Gesetz, das ζ mit v verknüpft.

4. Aufstellung einer Gleichung $\zeta = \zeta(v)$.

Als gegeben betrachten wir die Funktion

$$p_v = \frac{e^{-\eta} \cdot \eta^v}{v!},$$

wo p_v, wie S. 65 definiert, die Wahrscheinlichkeit dafür ist, daß die Leitung L_v die höchstbezifferte besetzte Leitung ist.

Für die Besetzung der ersten Leitung L_1 sind der Natur des Mechanismus nach (folgeweises Absuchen der Leitungen in der Reihenfolge $L_1, L_2, \ldots, L_v$) alle die Wahrscheinlichkeiten p_v entsprechenden Zustände Z_v günstig mit Ausnahme des Zustandes Z_0, dem die Wahrscheinlichkeit p_0 entspricht.

Die Wahrscheinlichkeit für die Belegung der L_1 ist also

$$w_1 = 1 - p_0 = 1 - e^{-\eta}.$$

Der Belegungswert der L_1 wird also

$$B_1 = \lambda \left(1 - e^{-\eta}\right),$$

wo λ ein zu bestimmender Multiplikator ist.

Für die Belegung der zweiten Leitung L_2 sind alle Zustände Z_v günstig mit Ausnahme der den Wahrscheinlichkeiten p_0 und p_1 entsprechenden Zustände Z_0 und Z_1. Es kommt demnach

$$B_2(y) = \lambda \left(1 - e^{-\eta} - \frac{\eta}{1} e^{-\eta}\right) = \lambda \left[1 - e^{-\eta} \left(1 + \frac{\eta}{1}\right)\right],$$

$$B_3(y) = \lambda \left[1 - e^{-\eta} \left(1 + \frac{\eta}{1} + \frac{\eta^2}{2}\right)\right].$$

Den Faktor λ bestimme ich aus der Bedingung, daß die Summe der Werte $B_k(y)$ gleich der mittleren Belegung $y = c \cdot t$ werden muß. Das gibt das folgende Rechenschema:

$$B_1(y) = \lambda \left(1 - e^{-\eta}\right) = \lambda e^{-\eta} \left(e^\eta - 1\right),$$

$$B_2(y) = \lambda \left(1 - e^{-\eta} - \frac{\eta}{1} \cdot e^{-\eta}\right) = \lambda e^{-\eta} \left(e^\eta - 1 - \frac{\eta}{1}\right),$$

$$B_3(y) = \lambda \left(1 - e^{-\eta} - \frac{\eta}{1} e^{-\eta} - \frac{\eta^2}{2} e^{-\eta}\right) = \lambda e^{-\eta} \left(e^\eta - 1 - \frac{\eta}{1} - \frac{\eta^2}{2}\right)$$

$$\cdots \cdots \cdots \cdots \cdots \cdots \cdots \cdots \cdots$$

$$B_v(y) = \lambda \left(1 - e^{-\eta} - \frac{\eta}{1} e^{-\eta} - \frac{\eta^2}{2} e^{-\eta} - \cdots - \frac{\eta^{v-1}}{(v-1)!} e^{-\eta}\right)$$

$$= \lambda e^{-\eta} \left(e^\eta - 1 - \frac{\eta}{1} - \frac{\eta^2}{2} - \cdots - \frac{\eta^{v-1}}{(v-1)!}\right).$$

Zunächst ist bei der Summierung der $B_k(y)$ die Summe der Klammerwerte $\sum\limits_1^v \left(e^\eta - 1 - \frac{\eta}{1} - \cdots\right)$ zu finden. Es kommt

$$\sum = v e^\eta - v e^\eta + 1 \cdot \frac{\eta}{1} + 2 \frac{\eta^2}{2!} + 3 \frac{\eta^3}{3!} + \cdots$$

$$= \eta \left(1 + \frac{\eta}{1} + \frac{\eta^2}{2!} + \cdots + \frac{\eta^{v-2}}{(v-2)!}\right)$$

$$\sim \eta e^\eta.$$

Es kommt also bis auf kleine Restglieder, die bei der guten Konvergenz der Exponentialreihe für $v \geqq 10$ kaum ins Gewicht fallen,

$$\sum_{k=1}^{v}{}' B_k(y) = \lambda \cdot \eta = y,$$

woraus sich λ bestimmt zu

$$\lambda = \frac{y}{\eta} = \frac{y}{y+q} = \frac{1}{1 + \dfrac{q}{y}},$$

womit die endgültige Form der Belegungswerte gefunden ist.

Es wird

$$B_1(y) = \frac{1 - e^{-\eta}}{1 + \dfrac{q}{y}}, \; \ldots$$

$$B_2(y) = \frac{1 - e^{-\eta}\left(1 + \dfrac{\eta}{1}\right)}{1 + \dfrac{q}{y}} = B_1(y) - y\, e^{-\eta}, \qquad (17)$$

$$B_3(y) = \frac{1 - e^{-\eta}\left(1 + \dfrac{\eta}{1} + \dfrac{\eta^2}{2}\right)}{1 + \dfrac{q}{y}} = B_v(y) - \frac{1}{2} y\, \eta\, e^{-\eta}.$$

Allgemein wird

$$B_{k+1}(y) = B_k(y) - \frac{y \cdot \eta^{k-1}}{k!}\, e^{-\eta}.$$

Die Darstellung als Rekursionsformel ist für die übersichtliche Zahlenrechnung sehr zu empfehlen.

Beim Vergleich der Formel mit Messungen wird es oft wünschenswert sein, von einem Parameter y auf einen etwas variierten Parameter $y \pm \varDelta y$ überzugehen. Dafür sei die folgende einfache Differentialformel beigefügt:

Es ist darin gesetzt

$$e^{-q} = f.$$

Dann kommt

$$\frac{\partial B_1(y)}{\partial y} = \frac{f e^{-y}\left(1 + \dfrac{q}{y}\right) + \dfrac{q}{y^2}\left(1 - f e^{-y}\right)}{\left(1 + \dfrac{q}{y}\right)^2} > 0.$$

B. Beispiele für die Verteilung der Belegungen auf die einzelnen Leitungen.

1. $V = 10$, $y = 3{,}30$, $q = 0{,}655$, $\eta = 3{,}986$

B_k	Belegungs-stunden	Belegungs-minuten				
B_1	0,8182 h	49,09 min	B_1	0,929 08 h	B_{11}	0,532 37 h
B_2	0,7550 „	45,30 „	B_2	0,928 95 „	B_{12}	0,421 83 „
B_3	0,6301 „	37,81 „	B_3	0,928 20 „	B_{13}	0,317 92 „
B_4	0,4653 „	27,92 „	B_4	0,925 39 „	B_{14}	0,227 76 „
B_5	0,3024 „	18,14 „	B_5	0,917 48 „	B_{15}	0,155 12 „
B_6	0,1735 „	10,41 „	B_6	0,899 63 „	B_{16}	0,100 49 „
B_7	0,0881 „	5,29 „	B_7	0,866 06 „	B_{17}	0,061 98 „
B_8	0,0400 „	2,40 „	B_8	0,811 98 „	B_{18}	0,036 43 „
B_9	0,0162 „	0,97 „	B_9	0,735 73 „	B_{19}	0,020 42 „
B_{10}	0,0057 „	0,03 „	B_{10}	0,640 17 „	B_{20}	0,010 91 „
	3,2944 h	197,36 min	$\Sigma_1 = 8{,}582\,67$ h		$\Sigma_2 = 1{,}885\,23$ h	

(Heading above right part of table: 2. $V = 20$, $y = 10{,}48$, $\eta = 11{,}28$; left heading: $V = 10$)

$$\Sigma = \Sigma_1 + \Sigma_2 = 10{,}4679 \text{ h},$$

$$\text{Verlust: } \Delta = y - \Sigma = 0{,}0121,$$

$$\text{Verlustquotient: } V(y, V) = \frac{\Delta}{\eta} = \frac{1{,}073}{1000}.$$

3. $V = 30$, $y = 17{,}4$, $\eta = 18{,}252$

B_1	0,953 30	B_{16}	0,698 46
B_2	0,953 30	B_{17}	0,616 67
B_3	0,953 30	B_{18}	0,528 85
B_4	0,953 29	B_{19}	0,439 80
B_5	0,953 24	B_{20}	0,354 26
B_6	0,953 05	B_{21}	0,276 19
B_7	0,952 47	B_{22}	0,208 34
B_8	0,950 96	B_{23}	0,152 05
B_9	0,947 51	B_{24}	0,107 38
B_{10}	0,940 52	B_{25}	0,073 41
B_{11}	0,927 76	B_{26}	0,048 61
B_{12}	0,906 58	B_{27}	0,031 19
B_{13}	0,874 37	B_{28}	0,019 42
B_{14}	0,829 15	B_{29}	0,011 75
B_{15}	0,770 20	B_{30}	0,006 92
$\Sigma_1 = 13{,}819\,00$		$\Sigma_2 = 3{,}573\,32$	

$$\Sigma = \Sigma_1 + \Sigma_2 = 17{,}392\,32, \qquad \frac{1}{y} \sum_1^{15} B_k = 0{,}7942.$$

Für die drei Systeme 1. $V = 10$, 2. $V = 20$, 3. $V = 30$ ist der Anteil ausgerechnet, den die Summe der Belegungswerte der ersten $\dfrac{V}{2}$ Leitungen von der Gesamtbelegung ausmacht.

Es ergibt sich

$$1. \quad V = 10, \qquad \frac{\sum\limits_{1}^{5} B_{\varkappa}}{y} = 0{,}9003\,,$$

$$2. \quad V = 20, \qquad \frac{\sum\limits_{1}^{10} B_{\varkappa}}{y} = 0{,}8190\,,$$

$$3. \quad V = 30, \qquad \frac{\sum\limits_{1}^{15} B_{\varkappa}}{y} = 0{,}7942\,.$$

Diese kleine Rechnung läßt erkennen, daß die Beteiligung der hochbezifferten Leitungen mit wachsendem V zunimmt. Man kann diese Tatsache quantitativ aus den Konvergenzeigenschaften der Exponentialreihe entnehmen, wenn man die Funktion $B_{\varkappa}$ in der folgenden Form schreibt:

$$B_{\varkappa} = \frac{1}{1 + \dfrac{q}{y}}\left\{1 - \frac{1 + \dfrac{\eta}{1} + \dfrac{\eta^2}{2!} + \cdots + \dfrac{\eta^{\varkappa-1}}{(\varkappa-1)!}}{e^{\eta}}\right\}.$$

Ohne alle Rechnung kann man aus dieser Tatsache die folgende allgemeine Erscheinung erkennen:

Mit wachsender Größe von V, also mit zunehmendem Umfang der zu beschreibenden Massenerscheinung nimmt deren Ablauf größere Stetigkeit an, die Relativschwankungen um den mittleren Wert (in unserem Fall um die mathematische Erwartung y der Anzahlen v) werden kleiner, der gleichmäßigere Ablauf ermöglicht eine bessere Ausnutzung des die Erscheinung aufnehmenden Systems.

Ein System von V Verbindungswegen möge die mittlere Belegung $y = ct$ haben, dann wird das System besonders scharf gekennzeichnet durch den Quotienten $\dfrac{y}{V}$, der durchgehends mit ζ bezeichnet und „spezifische Belegung" genannt werden soll.

$$1. \quad V = 10, \quad \zeta = \frac{3{,}30}{10} = 0{,}33\,,$$

$$2. \quad V = 20, \quad \zeta = \frac{10{,}48}{20} = 0{,}524\,,$$

$$3. \quad V = 30, \quad \zeta = \frac{17{,}4}{30} = 0{,}580\,.$$

Die eben gemachte Bemerkung über die Verteilung der Einzelbelegungen auf die einzelnen Leitungen und der Vergleich der verschiedenen Verteilungsarten für verschiedene Anzahlen V verfügbarer Leitungen lassen das Anwachsen der spezifischen Belegung $\zeta = \dfrac{y}{V}$ mit V verständlich erscheinen.

Eine erste Aufgabe der Praxis bestand darin, zu einem vorgeschriebenen Verkehr die erforderliche Mindestanzahl von Wählern zu bestimmen, d. h. man hat zur gegebenen mittleren Belegung y die Anzahl V von Verbindungswegen zu bestimmen, immer unter der üblichen Festsetzung, daß $\varkappa = \frac{1}{1000}$ des Verkehrs dadurch verloren gehen darf, daß ein Mangel an Verbindungswegen eintritt.

Es entstanden bei den Untersuchungen zur Lösung dieser Frage auch Kurven, die $\zeta = \dfrac{y}{V}$ als Funktion von V darstellen.

Diese Kurven lassen ein Gesetz $\zeta = \varkappa \cdot \log V$ vermuten. Es ist a priori klar, daß $\varkappa$ keine Konstante sein kann, da ζ an die Grenzgleichung $\zeta \leq 1$ gebunden ist.

Eine Übersicht über die Berechtigung zur Annahme einer solchen funktionalen Beziehung gibt die folgende, dem Versuchsmaterial entnommene Zahlentafel, die später durch eine mathematische Betrachtung ergänzt werden wird.

V = Anzahl der Leitungen	$\zeta = \dfrac{y}{V}$	$\varkappa =$ Koeffizient	der Gleichung
5	0,22	0,300	$\zeta = \varkappa \log V$.
10	0,33.	0,330	
15	0,42	0,357	$\log V$ ist der Briggsche Logarithmus.
20	0,47	0,361	
25	0,52	0,365	Für $\varkappa$ ergibt sich der mittlere Wert
30	0,55	0,372	
35	0,58	0,376	$\varkappa = 0,370,$
40	0,60	0,374	und man wird zugeben können, daß die
45	0,62	0,375	Gleichung $\zeta = \varkappa \log V$
50	0,65	0,382	
55	0,665	0,382	mit guter Annäherung gilt und sich in
60	0,68	0,382	manchen Fällen rechnerisch gut ver-
65	0,692	0,382	wenden läßt. Die mathematische Be-
70	0,70	0,385	trachtung ergibt den Zusammenhang
75	0,713	0,380	mit dem natürlichen Logarithmus. Für
80	0,725	0,370	Vergleichszwecke ist es zweckmäßig, die
85	0,734	0,380	empirische Gleichung mit dem natür-
90	0,740	0,378	lichen Logarithmus zu schreiben.
95	0,746	0,377	
100	0,750	0,375	

Dann kommt:

$$\zeta = \frac{y}{V} = 0,161 \ln V \tag{18}$$

(empirische Gleichung für die spezifische Belegung).

$$\text{Näherungsgleichung } \zeta = \zeta(V) \text{ bei Zugrundelegung}$$
$$\text{der Bedingung } V(y, V) = \tfrac{1}{1000}.$$

Zunächst wird eine Beziehung abgeleitet $\vartheta = \vartheta(V)$, wo $\vartheta = \dfrac{\eta}{V}$ die spezifische fingierte Belegung ist. ζ folgt dann unmittelbar aus der Gleichung

$$\zeta = \frac{1}{1 + \dfrac{q}{y}} \cdot \vartheta. \tag{I}$$

Bei den folgenden Entwicklungen wird von der Stirlingschen Näherungsformel

$$n! = \left(\frac{n}{e}\right)^n \cdot \sqrt{2\,\pi\,n}$$

für die Fakultät Gebrauch gemacht. Da die angestrebte Beziehung aus einer Differentialgleichung gefunden wird, so ist klar, daß beträchtliche Ungenauigkeiten entstehen, sobald wir die Formel für $n!$ auf Fälle anwenden wollen, für die die Formel nur eine ungenaue Darstellung der Funktion gibt. Aus diesem Grunde werden die Ergebnisse der folgenden Betrachtung Anspruch auf einige Genauigkeit machen können nur für Werte $V \geqq 10$. Für die kleinen Anzahlen $V = 1, 2, 3$ wird sich ein direkter Weg finden, der ϑ als Funktion von V bestimmt. Ausgangspunkt ist die Formel für den Verlustquotienten, in der nach den früheren Ausführungen ein von 1 wenig abweichender Zahlenfaktor $e^{-\alpha}$ als Koeffizient von ϑ auftritt, der in der zahlenmäßigen Rechnung im Mittel $= 0{,}90$ gesetzt werden soll. Die Bedingungsgleichung ist:

$$\frac{p_V}{V+1} \cdot \frac{1}{(1 - e^{-\alpha}\vartheta)^2} = V(y, V) = \frac{1}{1000} = \delta.$$

Es wird gesetzt:

$$\text{1.} \quad \eta = \vartheta \cdot V,$$

in

$$\text{2.} \quad p_V = \frac{e^{-\eta} \cdot \eta^V}{V!}, \qquad V! = \left(\frac{V}{e}\right)^V \cdot \sqrt{2\,\pi\,V}.$$

Dann kommt aus der Bedingungsgleichung die folgende:

$$\frac{e^{V(1-\vartheta) + V\log\vartheta}}{V^{3/2}} \cdot \frac{1}{(1 - e^{-\alpha}\vartheta)^2} = \delta,$$

$$F(V, \vartheta) \equiv \frac{e^{V[(1-\vartheta) + \log\vartheta]}}{V^{3/2}} \cdot \frac{1}{(1 - e^{-\alpha}\vartheta)^2} = \delta. \tag{II}$$

Für die Funktion $1 - \vartheta + \lg \vartheta$ soll $\varphi(\vartheta)$ gesetzt werden, so daß schließlich kommt:

$$F(V, \vartheta) = \frac{e^{V \cdot \varphi(\vartheta)}}{V^{3/2}} \cdot \frac{1}{(1 - e^{-\alpha}\vartheta)^2} = \delta.$$

Es wird

$$\frac{\partial F}{\partial V}\,dV + \frac{\partial F}{\partial \vartheta} \cdot d\vartheta = 0,$$

woraus sich $\dfrac{d\vartheta}{dV}$ ergibt;

$$\frac{d\vartheta}{dV} = -\frac{\dfrac{\partial F}{\partial V}}{\dfrac{\partial F}{\partial \vartheta}},$$

woraus sich nach einigen Umformungen ergibt:

$$\frac{d\vartheta}{dV} = \frac{1}{V} \cdot \frac{\dfrac{3}{2V} - \varphi(\vartheta)}{\varphi'(\vartheta) + \dfrac{2 e^{-\alpha}}{V(1 - e^{-\alpha}\vartheta)}} = \frac{1}{V} \cdot \varkappa.$$

Es zeigt sich, daß in weiten Grenzen der Faktor $\varkappa$ sich nur wenig ändert. Da $\varkappa$ eine Funktion von V und ϑ ist, so kann auf ein genau logarithmisches Gesetz der Form

$$d\vartheta = \int \bar{\varkappa}\,\frac{dV}{V}, \qquad \vartheta = \bar{\varkappa} \log V + \varkappa_0 \tag{III}$$

nicht geschlossen werden. Man wird zunächst die Werte $\varkappa$ für eine Anzahl von V-Werten berechnen und sehen, in welchen Grenzen man mit dem logarithmischen Gesetz arbeiten kann.

Die Werte $\varkappa$ werden z. B. für
$V = 10$, $\varkappa = 0{,}2618$, $V = 20$, $\varkappa = 0{,}2213$, $V = 30$, $\varkappa = 0{,}2001$.

Bei der angenäherten Integration der Gleichung (III) wird man als Integrationskonstante ein Wertepaar V_0, ϑ_0 einführen, das durch Messung und Rechnung als genau der Forderung

$$V(y, V) = \tfrac{1}{1000}$$

genügend, bestimmt ist. Man wird etwa ausgehen von der Gleichung

$$\vartheta_0 = \varkappa \log V_0 \quad \text{für} \quad V_0 = 10.$$

Dann erhält man die Näherungsgleichung

$$\vartheta = \vartheta_0 + \varkappa \log \frac{V}{V_0}.$$

Setzt man in dieser Gleichung das bekannte Wertepaar $V = 20$, $\vartheta = 0,5640$ ein, so läßt sich aus der Bestimmung des zugehörigen Koefffzienten $\varkappa$ ein Urteil gewinnen, inwieweit diese Gleichung zur Bestimmung von Werten ϑ zur Anwendung kommen darf.

In unserem Fall ist

$$\vartheta_0 = 0,3986, \qquad \vartheta = 0,5640, \qquad \frac{V}{V_0} = \frac{20}{10} = 2,$$

und es wird

$$\varkappa = \frac{\vartheta - \vartheta_0}{h\,2} \quad \frac{0,1654}{0,69315} = 0,239\,.$$

Da der Mittelwert von $\varkappa^{(1)}$ für $V = 10$ und $\varkappa^{(2)}$ für $V = 20$ $\bar\varkappa = 0,242$ ist, so scheint die Gleichung zur Bestimmung von Werten ϑ brauchbar zu sein.

Ich führe die gleiche Rechnung für das System $V = 100$, $\vartheta = 0,760$ an, es kommt der Koeffizient $\bar\varkappa = 0,1566$.

Der zu $V = 100$ gehörige Koeffizient wird $\varkappa^{(100)} = 0,1325$.

Das arithmetische Mittel von $\varkappa^{(10)} = 0,2618$ und $\varkappa^{(100)} = 0,1325$ wird $\varkappa_m = 0,1972$, von dem der erforderliche Wert $\bar\varkappa = 0,1566$ stark abweicht. Das Verhalten der Funktion

$$\varkappa\,(V,\,\vartheta) = \frac{\dfrac{3}{2\,V} - \varphi\,(\vartheta)}{\varphi'\,(\vartheta) + \dfrac{2\,e^{-\alpha}}{V\,(1 - e^{-\alpha}\,\vartheta)}}$$

läßt sich gut beurteilen für Werte $\vartheta = 1 - \varepsilon$, die nicht viel unter 1 liegen, so daß also ε ein kleiner echter Bruch ist. Wir nehmen $\varepsilon \leqq \frac{1}{4}$, können also den Fall $V = 100$, $\vartheta = 0,76 = 1 - 0,24$, $\varepsilon = 0,24$ aus dem Ergebnis unserer Entwicklung noch gut mit beurteilen.

Für unseren Koeffizienten $\varkappa = \varkappa(\vartheta)$ kommt dann:

$$\varkappa\,(\vartheta) = \bar\varkappa\,(\varepsilon) = \frac{\dfrac{3}{2\,V} + \dfrac{\varepsilon^2}{2}\left(1 + \dfrac{2}{3}\,\varepsilon + \dfrac{1}{2}\,\varepsilon^2 + \cdots\right)}{\dfrac{2\,e^{-\alpha}}{V\,(1 - e^{-\alpha}\,\vartheta)} + \varepsilon\,(1 + \varepsilon + \varepsilon^2 + \cdots)}\,.$$

Wir bemerken, daß mit wachsendem V das Glied des Nenners $\dfrac{2\,e^{-\alpha}}{V\,(1 - e^{-\alpha}\,\vartheta)}$ langsamer abnimmt als das Glied des Zählers $\dfrac{3}{2\,V}$, außerdem sei festgestellt auf Grund der numerischen Rechnung ohne weitere mathematische Ausführung, daß durchgehends $\left|\varphi\,(\vartheta)\right| > \dfrac{3}{2\,V}$,

$$\left|\varphi'\,(\vartheta)\right| > \frac{2\,e^{-\alpha}}{V\,(1 - e^{-\alpha}\,\vartheta)}$$

ist.

Nach einfacher Umformung des Koeffizienten $\varkappa(\vartheta)$ wird dieser:

$$\varkappa(\vartheta) = \varkappa(\varepsilon) = \frac{\dfrac{\varepsilon^2}{2}\left(1 + \dfrac{2}{3}\varepsilon + \dfrac{1}{2}\varepsilon^2 + \cdots\right) + \dfrac{3}{2V}}{\varepsilon(1 + \varepsilon + \varepsilon^2 + \cdots) + \dfrac{2\,\varepsilon^{-\alpha}}{V(1 - \varepsilon^{-\alpha}\vartheta)}}$$

$$= \frac{\dfrac{\varepsilon^2}{2}\left(1 + \dfrac{2}{3}\varepsilon + \dfrac{1}{2}\varepsilon^2 + \cdots\right)}{\varepsilon(1 + \varepsilon + \varepsilon^2 + \cdots)} \cdot \frac{1 + \lambda_1}{1 + \lambda_2},$$

wo λ_1 und λ_2 echte Brüche sind, z. B. für $V = 100$ wird $\lambda_1 = 0{,}4$, $\lambda_2 = 0{,}17$; $\dfrac{1 + \lambda_1}{1 + \lambda_2} = 1{,}19$. Jedenfalls wird der Faktor $\dfrac{1 + \lambda_1}{1 + \lambda_2}$ wenig von 1 verschieden sein. Es kommt also für $\varkappa(\vartheta)$ der folgende Wert:

$$\varkappa(\varepsilon) = \frac{\varepsilon}{2}(1 + \mu)(1 + \nu) = \frac{\varepsilon}{2}(1 + \varphi).$$

Der Koeffizient $\varkappa(\varepsilon)$ geht mit ε gegen 0.

Diese Tatsache sahen wir bei der Angabe des empirischen Gesetzes voraus. Für beliebig großes V wird $\underset{v=\infty}{\angle\,\vartheta} = 1$, und es muß bei Bestehen einer Beziehung $\vartheta = \varkappa \log V$,

$$\underset{\vartheta=1,\,v=\infty}{\angle\,\varkappa(\vartheta)} = \frac{1}{\log V} \to 0$$

sein.

Setzen wir im Koeffizienten für V den Wert $e^{\frac{\vartheta}{\varkappa}}$, so wird $\varkappa(\vartheta)$ eine Funktion von ϑ allein, von der wir wissen, daß sie monoton mit wachsendem ϑ abnimmt und für $\angle\,\vartheta = 1$ zu Null wird.

Man kann dann schreiben:

$$\frac{dV}{\varkappa(\vartheta)} = \frac{dV}{V}$$

$$\int \frac{d\vartheta}{\varkappa(\vartheta)} = \int \frac{dV}{V} = \log V + c_0.$$

Da $\varkappa(\vartheta)$ im ganzen zu betrachtenden Intervall monoton abnimmt, können wir den ersten Mittelwertsatz der Integralrechnung anwenden und schreiben:

$$\int_{\vartheta_0}^{\vartheta} \frac{d\vartheta}{\varkappa(\vartheta)} = \frac{1}{\varkappa(\vartheta_m)}[\vartheta - \vartheta_0],$$

und unsere Näherungsgleichung für ϑ wird unter Berücksichtigung unseres ersten Ansatzes:

$$\vartheta = \vartheta_0 + \varkappa\,(\vartheta_m)\log\frac{V}{V_0}\,. \qquad\qquad \text{(IV)}$$

Die früher betrachteten Beispiele lassen erkennen, daß der Wert von ϑ_m nahe an der oberen Grenze ϑ zu wählen ist, was in der Eigenart der Funktion $\varkappa\,(\vartheta)$ begründet ist, deren nähere Untersuchung aus dem Rahmen dieser Arbeit fällt.

Bei späteren Betrachtungen stellt sich die Aufgabe ein, aus der unter der üblichen Bedingung $\delta = \frac{1}{1000}$ einer Anzahl V von Leitungen eines Systems entsprechenden mittleren Belegung y die mittlere Belegung $\bar{y}$ zu berechnen, die einer wenig abgeänderten Anzahl verfügbarer Leitungen $\bar{v} = v - \varDelta v$ entspricht. Unsere Betrachtung lehrt, daß in diesen Fällen man mit der Gleichung

$$\frac{\vartheta\,(v - \varDelta v)}{\vartheta\,(v)} = \frac{\log\,(v - \varDelta v)}{\log V} \quad \text{oder} \quad \frac{y - \varDelta y}{y} = \frac{(v - \varDelta v)\log\,(v - \varDelta v)}{v\log V}$$

arbeiten darf, da die bei dem Übergang von v auf $v - \varDelta v$ kaum veränderliche Funktion $\varkappa\,(\vartheta)$ bei der Quotientenbildung herausfällt. Eine allgemeine Bedeutung kommt der Gleichung für ϑ oder ζ nicht zu, doch leistet sie bei manchen Betrachtungen recht gute Dienste.

Die Ableitung der Gleichung für ϑ und ζ zeigt, daß in manchen Fällen die Systeme mit kleinem y getrennt zu behandeln sind von den Systemen mit flottem Verkehr, also etwa von $V = 10$ mit $y = 3{,}33$ an.

Die erste Aufgabe ist die Berechnung von ϑ, ζ, y für ein System mit einer einzigen Leitung, also $V = 1$, $\vartheta = \eta = \zeta = y$. Ausgangspunkt ist natürlich die Bedingung für den Verlustquotienten, die wir für $V \geq 10$ unter Verwendung der Näherungsformel für die Stirlingsche Reihe in geschlossene Form gebracht haben, die Schlüsse über den Zusammenhang zwischen ϑ und V zuließ.

Für $V = 1$ wird die Reihe für den Verlustquotienten

$$V\,(y, 1) = \frac{e^{-\eta}}{\eta} \cdot \frac{\eta^2}{2}\left(1 + \frac{2}{3}\,\eta + \frac{1}{4}\,\eta^2 + \frac{1}{15}\,\eta^3 + \cdots\right).$$

Es läßt sich wieder wie im allgemeinen Fall ein Mittelwert $u = \dfrac{\eta}{v + k} = \dfrac{\eta}{a}$ einführen, derart, daß die Gleichung besteht

$$V\,(y, 1) = \frac{1}{2}\,e^{-\eta} \cdot \eta \cdot \frac{1}{\left(1 - \dfrac{\eta}{a}\right)^2} = \delta = \frac{1}{1000}\,.$$

Da ohne weitere Rechnung feststeht, daß η ein kleiner echter Bruch werden muß für $V = 1$, so kommt:

$$\frac{\left(1 - \dfrac{\eta}{1} + \dfrac{\eta^2}{2}\right)\eta}{\left(1 - \dfrac{\eta}{a}\right)^2} = \frac{\left(1 - \dfrac{\eta}{b}\right)^2}{\left(1 - \dfrac{\eta}{a}\right)^2}\cdot\eta = \left(1 - \dfrac{\eta}{c}\right)^2\eta = 2\,\delta,$$

$$\eta = 2\,\delta\,(1 + \varepsilon), \quad \text{wo} \quad \varepsilon \ll 1 \quad \text{ist.}$$

Es wird also für $\delta = \frac{1}{1000}$ (übliche Verlustbedingung)

$$\eta = \vartheta = 0{,}002\,.$$

Die gleiche Betrachtung wird für $V = 2$ durchgeführt:

$$V = 2\,, \qquad \vartheta = \frac{\eta}{2}\,.$$

Die Bedingung für den Verlustquotienten wird

$$\frac{e^{-\eta}\cdot\eta^2}{2\cdot 3}\cdot\frac{1}{\left(1 - \dfrac{\eta}{2\,d}\right)^2} = \delta = \tfrac{1}{1000}\,,$$

$$e^{-2\,\vartheta}\cdot\frac{2\,\vartheta^2}{3}\cdot\frac{1}{\left(1 - \dfrac{\vartheta}{d}\right)^2} = \delta\,,$$

$$\frac{(1 - 2\,\vartheta + 2\,\vartheta^2)\,\vartheta^2}{\left(1 - \dfrac{\vartheta}{d}\right)^2} = \tfrac{3}{2}\,\delta\,,$$

$$\frac{[1 - (1 - \beta)\,\vartheta]^2\,\vartheta^2}{\left(1 - \dfrac{\vartheta}{d}\right)^2} = \tfrac{3}{2}\,\delta\,,$$

$$(1 - \alpha)^2\,\vartheta = \tfrac{3}{2}\,\delta\,,$$

$$(1 - \alpha)\,\vartheta = \tfrac{1}{2}\sqrt{6\,\delta} = \sqrt{0{,}0015}\,,$$

$$\vartheta = 0{,}040\,, \qquad \eta = 0{,}080\,.$$

Die Durchführung der entsprechenden Rechnung für $V = 3$ ergibt

$$\vartheta = 0{,}1\,, \qquad\qquad \eta = 0{,}30\,.$$

Für $V = 5$ wird $\eta = 1{,}08$, $\vartheta = 0{,}216$.

Diese Zahlenwerte sind aus der Reihe für den Verlustquotienten festgestellt. Setzt man die Formel für ϑ an:

$$\vartheta = \vartheta_0 + \varkappa \log \frac{V}{V_0}\,,$$

geht aus von $V_0 = 3$, so ergibt sich ein Koeffizient $\bar{\varkappa} = 0{,}2264$, während die direkte Berechnung von $\bar{\varkappa}$ aus der Formel

$$\bar{\varkappa} = \frac{\dfrac{3}{2\,v} - \varphi(\vartheta)}{\varphi'(\vartheta) + \dfrac{2\,e^{-\alpha}}{V(1 - e^{-\alpha}\,\vartheta)}} \qquad \text{für } V = 5,\; \vartheta = 0{,}216$$

den Wert $\bar{\varkappa} = 0{,}2573$, also eine zu große Abweichung ergibt.

Bei der Aufstellung der von R. Holm eingeführten Hilfsfunktion p_v, die sich als eine Funktion w_v von Poisson darstellte, in der an Stelle des Parameters y, der mittleren Belegung $y = \sum\limits_{v=1}^{\infty} v \cdot w_v$, ein neuer Parameter $\eta = y + q$ tritt, haben wir die Ausfallsvorgänge der Leitungen Nr. 1, 2, ..., $v - 1$, als einen zur Entwicklung der Leitungsbelegung reziproken Vorgang gedeutet, der in seiner Größenordnung dem Vorgang der Belegung eines Systems von $v - 1$ Leitungen entspricht. Für Systeme mit nicht zu kleinem y, also etwa von $v \geq 10$, $y \geq 3{,}30$ an, ließ sich der Parameter s durch eine besondere Überlegung einfach berechnen.

R. Holm betrachtet die Systeme mit kleinem y gesondert, und kommt unter Annahme solcher y-Werte mit $w_2 \ll w_1$ und w_0 zu der Formel $q = \dfrac{y^2}{4}$. Uns kommt es darauf an, mit der Methode des reziproken Vorgangs den Parameter s bei Annahme schwachen Verkehrs zu berechnen. Zur Fixierung der Ideen soll ein Beispiel dienen. Wenden wir unsere für $V \geq 10$ gültige Methode der Berechnung von q auf das System $V = 5$ an, so ergibt sich ein Verschiebungswert $q = 0{,}479$, der sich als zu groß erweist. Bei dem schwachen Verkehr ($y = 1$), der bei der üblichen Verlustbedingung $V = 5$ entspricht, muß damit gerechnet werden, daß außer den Rufpausen innerhalb der Beobachtungszeit (mittlere Gesprächslänge) durch Leitungsausfall Pausen entstehen, die über das Intervall t hinausragen. In diesem Fall kommen für die Entwicklung des den Rufpausen entsprechenden Ausfallsvorgangs der Leitungen Nr. k $(k < v)$ nicht $v - 1$ Leitungen, sondern $v - d < v - 1$ Leitungen in Betracht, so daß der Parameter s nicht durch die Reduktion eines Systems von v auf $v - 1$ Verbindungswege, vielmehr durch die Übertragung von v auf $v - d$ zu bestimmen ist.

In unserem Beispiel $V = 5$ nehmen wir an, daß von den vier Leitungen Nr. 1, 2, 3, 4 die Hälfte, also zwei Leitungen über die Länge des Intervalls t hinaus außer Tätigkeit bleiben. Dann bestimmt sich $s = y\,(V = 2)$, also $= 0{,}08$.

Aus der Formel für q ergibt sich dann

$$q = 1 - e^{-s} - \frac{s}{V} = 0,092 \, .$$

Aus der Verlustbedingung ergibt sich für $V = 5$:

$y = 1,08$, also folgt $y = 0,99$, was mit dem durch Messungen bestimmten Wert $y = 1,00$ gut übereinstimmt. Für sehr kleine y ist es zweckmäßig, die Holmsche Formel $q = \dfrac{y^2}{4}$ anzuwenden.

C. Vergleich der Berechnung mit Messungen.

In der Abb. 13 ist die Leistung der erst abgesuchten Vielfachleitung eines 10er Feldes dargestellt. Die Abszissen stellen die Be-

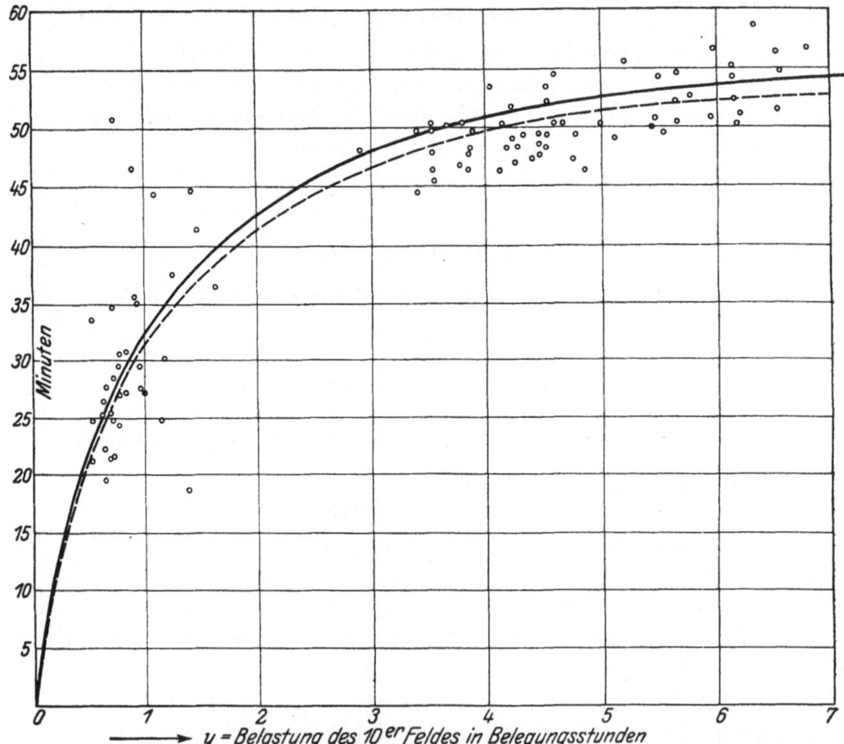

Abb. 13. Leistung der erst abgesuchten Vielfachleitung eines 10 er Feldes.
o Messungen.
——— Berechnung ohne störende Belegungsdauer.
— — — Berechnung mit Störungen von 10 Minuten durch lange Gespräche.

lastung des Feldes in Belegungsstunden dar, die Ordinaten die Leistung der ersten Leitung in Minuten. Die Messungen konnten bis zu $y = 7$ Stunden ausgedehnt werden. Die Verluste bei dieser Belastung waren groß, wurden aber nicht gemessen. Die Messungen sind durch Punkte wiedergegeben. Die ausgezogene Linie ist die Berechnung. Ein Punkt dieser Linie ist in der Zahlentafel $y = 3,2944\,h$ ($= 197,36$ min) und $v = 10$ Seite 78 enthalten: Leistung der ersten Leitung $B = 49,09$ min bei $y = 3,3$. Die gestrichelte Linie zeigt die

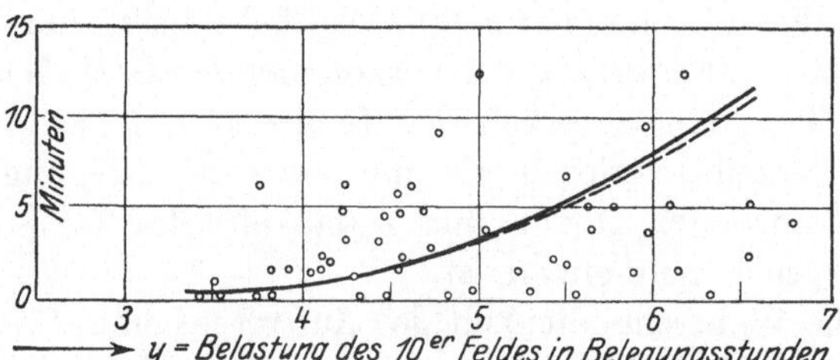

Abb. 14. Leistung der 10ten (letztabgesuchten) Vielfachleitung eines 10er Feldes.

 o Messungen.
 ——— Berechnung ohne Störungen.
 — — — Berechnung mit 10 Minuten Störung durch lange Gespräche.

(kleinere) Leistung der Verbindungsleitungen, wenn eine Störung durch lange Gespräche von insgesamt 10 Minuten angenommen wird (siehe Abschnitt VIII).

Die Abb. 14 stellt in gleicher Weise die Leistung der 10ten (letztabgesuchten) Vielfachleitung eines 10er Feldes dar.

Die Rechnung ergibt offenbar einen recht brauchbaren Mittelwert der Messungen.

VIII. Störungen durch unregelmäßige Belegungsdauern.

Übersicht.

Mehrfach zeigten sich (z. B. bei Verlustrechnungen) kleine Unterschiede zwischen Rechnung und Messung. Diese Unterschiede sind darauf zurückzuführen, daß der tatsächliche Verkehr nicht genau den Annahmen für die theoretische Behandlung folgt. Insbesondere ist das Exponentialgesetz für die Belegungsdauern nicht streng erfüllt.

Bei den Ausführungen über die Poissonsche Verteilungsfunktion war es erforderlich, Seite 41 auf den der Wirklichkeit entsprechenden Fall ungleicher Gesprächslängen einzugehen, und es ergab sich in Verbindung mit der Poissonschen Verteilung der Anzahlen gleichzeitig stattfindender Belegungen ein Exponentialgesetz für die Verteilung der Gesprächslängen. Zunächst soll hier dieses Verteilungsgesetz auf einem etwas anderen Wege abgeleitet werden in Verfolgung eines Gedankenganges, der zur Überlegung hinleitet, die für die Untersuchung von Störungen des normalen Betriebes anzustellen sind.

A. Verteilungsgesetz der Gesprächslängen.

a) Es sei t die mittlere (normale) Gesprächslänge, die Seite 45 als die mathematische Erwartung der vorkommenden Gesprächslängen erkannt wurde. Tritt ein Gespräch der Länge ut auf, so gehen zunächst $u - 1$ Gespräche verloren, da die normale Belegungszeit ut für u Gespräche normaler Dauer durch das einzelne Gespräch der Dauer ut in Anspruch genommen ist.

b) Es soll die Wahrscheinlichkeit des Auftretens eines Gespräches der Länge ut durch die Funktion $\varphi(u)$ der stetigen Veränderlichen u gegeben sein. Dann haben von der Gesamtzahl c von Gesprächen die Anzahl $c \cdot \varphi(u)$ von Gesprächen die Länge ut.

Diese bewirken also durch teilweise Leitungssperrungen einen Verlust von $c \cdot \varphi(u)(u - 1)$ Gesprächen.

c) Soll durch das Vorkommen veränderlicher Gesprächslängen an der Leistung eines Systems nichts geändert werden, so muß die Wahrscheinlichkeitsfunktion $\varphi(u)$ so beschaffen sein, daß, wenn u stetig alle Werte von 0 bis ∞ durchläuft, der Gesamtverlust an Gesprächen

$$V = \int\limits_0^\infty c\,\varphi(u)(u - 1)\,du = 0 \qquad\qquad \text{(A)}$$

wird.

Das ergibt die Integralbedingung

$$\int\limits_0^\infty \varphi(u)(u - 1)\,du = 0\,.$$

Da $\varphi(u)$ und $u - 1$ im allgemeinen von Null verschieden sind, so muß werden

$$\int\limits_0^\infty \varphi(u)\,u\,du = \int\limits_0^\infty \varphi(u)\,du\,,$$

eine Bedingung, die durch die Funktion $\varphi(u) = e^{-u}$ erfüllt wird, denn es ist

$$\int\limits_0^\infty u\,e^{-u}\,du = 1 = \int\limits_0^\infty e^{-u}\,du\,.$$

Damit ist das Exponentialgesetz für die Verteilung der Gesprächslängen auf neuem Wege wiedergewonnen.

Es sei eine Ableitung des Verteilungsgesetzes auf etwas anderer Grundlage angeschlossen.

1. Das Gesetz für die Verteilung der Gesprächslängen soll durch Variation des Zustandes normaler Gesprächslänge gewonnen werden. Die normale Gesprächslänge sei t, die ihr zugehörige Anzahl von Gesprächen sei $c_1 = c\,\varphi(\mathrm{A})$.

Allgemein sollen zu einer beliebigen Gesprächslänge $t_u = u \cdot t$ eine Anzahl $c(u) = c\,\varphi(u)$ von Gesprächen gehören.

2. An der Stelle $u = 1$ muß die Funktion $c(u) \cdot t(u) = c\,\varphi(u)\,ut$ einen Höchstwert haben.

Daraus folgt, daß die erste Variation der Funktion $c(u) \cdot t(u)$ an der Stelle $u = 1$ zu Null werden muß

$$\delta\big(c(u) \cdot t(v)\big) = 0 \qquad \text{für} \qquad u = 1\,.$$

Beim Übergang zu den Logarithmen erkennt man unmittelbar, daß das logarithmische Differential des Zusatzfaktors $u\,\varphi(u)$ an dieser Stelle verschwinden muß.

Sei die allgemeine Beziehung

$$t \longrightarrow u \cdot t\,,$$

$$c \longrightarrow \varphi(u)\,c\,,$$

so muß werden

$$\mathop{L}_{u=1} \frac{d}{du}\big(\log(u) \cdot \varphi(u)\big) = \left[\frac{1}{u} + \frac{\varphi'(u)}{\varphi(u)}\right] = 0 \qquad \text{für } u = 1\,,$$

also folgt:

$$\frac{\varphi'(u)}{\varphi(u)} = -1\,.$$

$$\log\varphi(u) = -u + \varkappa$$

$$\varphi(u) = e^{\varkappa}\,e^{-u}\,.$$

Da

$$\int\limits_0^\infty \varphi(u)\,du = 1$$

werden muß, so kommt

$$e^{\varkappa} \int\limits_0^\infty e^{-u}\,du = 1\,,$$

also da

$$\int\limits_0^\infty e^{-u}\,du = 1\,,$$

muß werden

$$\varphi(u) = e^{-u}\,.$$

Der Zusammenhang zwischen dem Gesprächsverteilungsgesetz und dem Poissonschen Verteilungsgesetz ist Seite 46 behandelt worden, wo aus der Forderung gleichgroßer Spielräume für anormale Werte von c und anormale Werte von t sich das Gesetz

$$\varphi(u) = e^{-u}$$

sehr einfach ergab. Im Grunde genommen läuft der Zusammenhang darauf hinaus, daß wegen der geforderten Erhaltung des Parameters $y = ct$ einer Anzahl von Werten $t_u = u \cdot t$ eine gleichgroße Anzahl von Werten $c_u = \dfrac{c}{u}$ entsprechen muß.

Die Reduktion von c auf $\dfrac{c}{u}$, d. h. die Bestimmung der Anzahl solcher abweichender Werte ist durch die Poissonsche Verteilungsfunktion gegeben, und ihr ordnet sich durch die Forderung der Erhaltung von $y = ct$ die Funktion $\varphi(u) = e^{-u}$ als Gesprächsverteilungsfunktion zu.

Die Lexissche Bedingung für die normale Dispersion eines Kollektivs war

$$M' - M = 0,$$

wo, wie Seite 48 ausgeführt, M' die aus dem vorliegenden Kollektiv berechnete quadratische Abweichung war, während M die durch das Verteilungsgesetz bestimmte mathematische Erwartung für die quadratische Abweichung darstellt.

Durch unsere Herleitung des Gesprächsverteilungsgesetzes fanden wir als Bedingung für die normale Dispersion eines Kollektivs mit Poissonscher Verteilung das Nullwerden des folgenden Integrals:

$$\int_0^\infty \varphi(u)(u - 1)\,du = 0.$$

Es kann zwischen den beiden Bedingungen ein Zusammenhang angenommen werden, und man wird setzen können in den Fällen anormaler Dispersion

$$\int_0^\infty \varphi(u)(u - 1)\,du = \lambda(M' - M).$$

Tritt im Integral der linken Seite streckenweise, d. h. für ein Intervall $\varDelta = u_2 - u_1$ an die Stelle der Funktion $\varphi(u) = e^{-u}$ eine variierte Funktion, so ist das Integral sicher von Null verschieden, und wir haben mit anormaler, durchgängig übernormaler Dispersion zu rechnen.

Es erscheint angebracht, das Auftreten anormaler Dispersion in der Wirklichkeit, d. h. an bestimmten anormalen Zuständen beim Fernsprechverkehr zu studieren.

Jedenfalls ist das normale Verteilungsgesetz der Gespräche gestört, wenn ein oder mehrere anormal lange Gespräche auftreten, und es ist eine dringliche Forderung der Praxis, den Einfluß solcher anormal langer Gespräche zu bestimmen.

Diese Aufgabe lösen wir auf einem direkten Weg und stellen später ihren Zusammenhang mit den Dispersionsfragen fest.

B. Der störende Einfluß langer Gespräche.

Wann ist ein Gespräch als anormal lange zu bezeichnen?

Das hängt natürlich ab von der Größe des Kollektivs, das wir betrachten, und von der Dauer des Gespräches normaler Länge. Das normale Gespräch (mathematische Erwartung der Gesprächsdauer) habe die Dauer t. Ist c die Anzahl der Belegungen in der Zeiteinheit, so dürfen bei normaler Dispersion $c_u = c\, e^{-u}$ Gespräche der Länge ut vorkommen. Sobald der Zahlenwert c_u überschritten wird, ist die normale Dispersion gestört.

Beispiel. Ein System mit $v = 20$ Leitungen hat bei Erfüllung der Grundbedingung (Verlustquotient $k = 0,001$) eine mittlere Belegung $y = 10$. Ist die mittlere Gesprächslänge $t = {}^1/_{40}\, h = 1^1/_2$ Min., so kommen auf die Beobachtungseinheit von 1 Stunde $c = \dfrac{y}{t}$
$= 400$ Belegungen. Wie viele Gespräche von 10 Minuten Dauer dürfen normalerweise während einer Stunde vorkommen?

Es wird

$$u = \frac{10}{1\frac{1}{2}} = \frac{20}{3}$$

$$c_u = c \cdot e^{-u} = 0,5091 \,.$$

Das Vorkommen eines Gespräches von 10 Minuten Dauer während einer Stunde ist eine Störung des Normalzustandes, da an die Stelle von $\varphi(u) = 0,509$ der Wert $\varphi(u) + \lambda^2 = 1$ tritt.

Es ist zweckmäßig, das Beispiel für ein anderes System durchzuführen. Sei $v = 10$; $y = 3,33$; $c = 132$; $t = {}^1/_{40}\, h$. Dann wird $c_u = 0,168$.

Man wird, um die Störung rechnerisch zu fassen, den Überschuß der Zahl langer Gespräche über den Normalwert c_u in Betracht zu ziehen haben.

Im Falle $v = 20$ ist der Zeitteil störender Belegung
$\varDelta t = (1 - 0,5091)\ 10$ Minuten $= 0,491 \cdot {}^1/_6\, h = 0,082\, h$, während für $v = 10$

$$\varDelta t = 0,832 \cdot \tfrac{1}{6}\, h = 0,139\, h$$

ist.

In jedem einzelnen Fall ist zunächst Δt festzustellen.

Es sollen k anormale Gesprächslängen während der Beobachtungseinheit, also im Laufe einer Stunde, vorkommen.

Diese anormal langen Zeitwerte seien als Bruchteil einer Stunde gegeben durch

$$\alpha_1, \ \alpha_2, \ \cdots, \ \alpha_k.$$

Ich setze das arithmetische Mittel dieser Zeitwerte

$$\frac{\alpha_1 + \alpha_2 + \cdots + \alpha_k}{k} = \bar{\alpha}.$$

Zunächst bestimmt sich nach dem Ansatz zum Theorem von Bernoulli die Wahrscheinlichkeit (und zwar mit guter Annäherung, wenn die α_i nicht sehr stark von $\bar{\alpha}$ abweichen), daß x dieser Werte zusammenfallen, während die übrigen $k - x$ Werte sich beliebig über den Rest der Beobachtungsstunde verteilen.

Es kommt

$$w_x = \binom{k}{x} \bar{\alpha}^x (1 - \bar{\alpha})^{k-x}.$$

Genau wie im Falle der Berechnung der mittleren Belegung y bestimme ich den Wert x^*, dem die größte Wahrscheinlichkeit unter allen Kombinationen $x, \ k - x$ zukommt.

Dieser Wert x^* wird in bekannter Weise bestimmt aus der Gleichung

$$\frac{1 - \bar{\alpha}}{\bar{\alpha}} = \frac{k - x^*}{x^*}; \quad x^* = k\,\bar{\alpha}$$

in vollständiger Analogie mit der Bestimmung von $y = c\,t$.

Es wird also nach den früheren Bemerkungen die mathematische Erwartung für den Zeitwert, der von anormal langen Gesprächen ausgefüllt ist, nahe

$$E(\alpha) = k\,\bar{\alpha} = \alpha_1 + \alpha_2 + \cdots + \alpha_k = \sum_1^k \alpha_h.$$

Weiter ist zu bestimmen der wahrscheinliche Wert der Anzahl der durch anormal lange Gespräche gesperrten Leitungen.

Dieser wird

$$d_{\text{(Defekt)}} = 1 \cdot w_1 + 2\,w_2 + \cdots + k\,w_k = k\,\bar{\alpha}.$$

Diese teilweisen Leitungssperrungen bewirken eine Verminderung der mittleren normalen Belegung y des Systems, die jetzt zu bestimmen ist. Bei der Feststellung der Änderung der normalen Belegung y ist die Grundbedingung zu wahren, daß der Verlustquotient $= 0{,}001$ bleibt. Dementsprechend gilt die Näherungsgleichung

$$\zeta = \frac{y}{v} = k \log v,$$

wo $k = 0{,}37$ ist, falls $\log v$ der Briggsche Logarithmus, $k = 0{,}161$, wenn $\log v$ der natürliche Logarithmus in die Gleichung eingesetzt wird. Ist d der dann bestimmte Defekt der Anzahl von Leitungen, $y - \varDelta y$ der verminderte Wert von $y = ct$, so kommt

$$\frac{y - \varDelta y}{y} = \frac{\bar{k}\,(v - d)\,\log\,(v - d)}{\bar{\bar{k}}\,v\,\log v},$$

wo, wie schon früher bemerkt, $k = \bar{k} = \bar{\bar{k}}$ gesetzt werden kann, da beim Übergang von v auf den wenig verschiedenen Wert $v - d$ k sich kaum ändert.

Es kommt also:

$$\frac{y - \varDelta y}{y} = 1 - \frac{\varDelta y}{y} = \frac{(v - d)\log\,(v - d)}{v \cdot \log v} = 1 - \frac{d}{v} + \frac{\log\left(1 - \dfrac{d}{v}\right)}{\log v}$$

$$\frac{\varDelta y}{y} = \frac{d}{v}\left(1 + \frac{1 + \dfrac{d}{2\,v} + \dfrac{d^2}{3\,v^2} + \cdots}{\log v}\right) = \frac{d}{v}\,(1 + \mu)$$

$$\varDelta y = d \cdot \zeta \cdot (1 + \mu).$$

$\zeta = \dfrac{y}{v}$ ist die spezifische Belegung, μ ist ein echter Bruch, der von 1 bis 0 abnimmt, wenn v von e bis $v \to \infty$ geht.

Für $v \geqq 10$ kann der Wert der Reihe

$$\frac{1}{d/v}\log\left(1 - \frac{d}{v}\right) = -\left(1 + \frac{d}{2\,v} + \frac{d^2}{3\,v^2} + \cdots\right)$$

gleich $- 1$ gesetzt werden, solange $d \leqq 1$ bleibt. Es kommt dann, wenn $\bar{k}$ den Koeffizienten in der Gleichung $\zeta = \bar{k}\,l_{\mathrm{nat}}\,v$ bedeutet, der im Mittel gleich $0{,}16$ wird,

$$\varDelta y = - d\,(\zeta + \bar{k}) = - \alpha\,(\zeta + 0{,}16) \qquad (19)$$

in Übereinstimmung mit früheren Entwicklungen.

Man kann den Wert $\varDelta y$ etwas anders ableiten, wenn man die ganze Beobachtungszeit $\tau = 1$ teilt in zwei Teile, deren erster $T_0 = 1 - \alpha$ den von Gesprächen anormaler Dauer freien Teil darstellt, während α den gestörten Teil bedeutet.

Das führt zu dem folgenden Ansatz:

$$\frac{\bar{y}}{y} = \frac{y - \varDelta y}{y} = \frac{k\,(1 - \alpha)\,v\,\log v + k\,\alpha\,(v - 1)\,\log\,(v - 1)}{k\,\log v},$$

denn während der Zeit $T_0 = 1 - \alpha$ sind alle v Leitungen in normaler Tätigkeit, im Intervall α dagegen ist e i n e Leitung als ge sperrt anzusehen.

Es kommt also

$$\frac{\bar{y}}{y} = 1 - \alpha \left(1 - \frac{(v-1)\log(v-1)}{v \log v} \right)$$

$$= 1 - \alpha \left[1 - \left(1 - \frac{1}{v} - \nu \right) \right],$$

wo

$$\nu = \frac{1}{v} \frac{1 + \frac{1}{2\,v} + \frac{1}{3\,v^2} + \cdots}{\log v}.$$

Das gibt

$$\frac{\varDelta y}{y} = \alpha \left(\frac{1}{v} + \nu \right), \qquad \varDelta y = \alpha\,(\zeta + \bar{k}),$$

wie bei dem ersten Ansatz.

An der Formel

$$\frac{\varDelta y}{y} = \alpha \left(\frac{1}{v} + \nu \right)$$

erkennt man die rasche Abnahme der relativen Änderung von y mit wachsendem v.

Man kann die Änderung $\varDelta y$ ohne weitere Rechnung aus der Gleichung für ζ ableiten, in der wir nach dem früher Bemerkten in nicht zu weiten Grenzen $[v,\, v - \varDelta v]$ den Koeffizienten $\bar{k}$ in $\zeta = \bar{k} \log v$ als Konstante ansehen dürfen.

Es wird also

$$y = v \cdot \zeta = \bar{k}\,v \log v, \qquad \frac{dy}{dv} = \bar{k}\,(\ln v + 1),$$

also kann man setzen

$$\varDelta y = \bar{k}\,(\ln v + 1) \cdot \varDelta v.$$

Setzt man für $\log v$ seinen aus der Gleichung für den Wirkungsgrad ζ folgenden Wert, also $\log v = \dfrac{\zeta}{\bar{k}}$, so kommt

$$\varDelta y = \bar{k} \left(\frac{\zeta}{\bar{k}} + 1 \right) \varDelta v = (\zeta + \bar{k})\,\varDelta v.$$

In unserem Fall, wo $\varDelta v = -\alpha$ ist, kommt also

$$\varDelta y = -\alpha\,(\zeta + \bar{k}) = -\alpha\,(\zeta + 0{,}16).$$

Es scheint zweckmäßig zu sein, diese Bestimmung von $\varDelta y$ zur Bestimmung der Änderung der spezifischen mittleren Belegung $\zeta = \dfrac{y}{v}$ im Falle des Auftretens anormal langer Gespräche zu verwenden.

Ist während des Bruchteils α einer Beobachtungsstunde eine Leitung durch ein langes Gespräch besetzt, so bedingt das offenbar eine Erhöhung der mittleren Belegung y auf einen Betrag $y + \lambda$, und man ist geneigt, $\lambda = 1$ zu setzen. Zu der mittleren Anzahl y belegter Leitungen kommt während der Teilzeit α e i n e dauernd belegte Leitung hinzu. Genau stimmt diese Annahme nicht, wie die folgende Betrachtung zeigen soll.

Ich berechne die spezifische Belegung des Systems, und erhalte

$$\zeta^* = \alpha\,\frac{y+r}{v} + (1-\alpha)\,\frac{y}{v} = \frac{y+\alpha r}{v} = \frac{y}{v}\left(1 + \frac{\alpha r}{y}\right).$$

Soll die fundamentale Bedingung für den Verlustquotienten $V(y, v)$ erfüllt bleiben, so darf die spezifische mittlere Belegung $\zeta = \dfrac{y}{v}$ nicht variiert werden, d. h. in unserem Fall muß y einen Zusatzfaktor $(1 - \mu)$ erhalten, der die Bedingung

$$(1 - \mu)\left(1 + \frac{\alpha r}{y}\right) = 1$$

erfüllt.

Die mittlere Belegung y muß auf $y - \varDelta y = y\,(1 - \mu)$ heruntergesetzt werden, wo $\mu = \dfrac{\varDelta y}{y}$ der angegebenen Forderung genügt.

Das gibt:

$$\left(1 - \frac{\varDelta y}{y}\right)\left(1 + \frac{\alpha r}{y}\right) = 1.$$

Da $\varDelta y$ uns durch unsere vorher dargestellte Methode bekannt ist, so benutzen wir diese Bedingungsgleichung zur Bestimmung von r.

Es kommt dann unter Beachtung des Umstandes, daß $\dfrac{\varDelta y}{y}$ ein kleiner echter Bruch ist:

$$1 + \frac{\alpha r}{y} = \frac{1}{1 - \dfrac{\varDelta y}{y}} = 1 + \frac{\varDelta y}{y} + \left(\frac{\varDelta y}{y}\right)^2 + \cdots$$

$$\frac{\alpha r}{y} = \frac{\varDelta y}{y}\left(1 + \frac{\varDelta y}{y}\right)$$

$$r = \frac{\varDelta y}{\alpha}\left(1 + \frac{\varDelta y}{y}\right).$$

Setzt man hier für $\varDelta y$ seinen Wert

$$\varDelta y = -\alpha\,(\zeta + 0{,}16)$$

ein, und setzt den Faktor

$$1 + \frac{\Delta y}{y} = 1,$$

so kommt

$$r = \zeta + 0,16 .$$

Das Auftreten anormal langer Gespräche ist die Quelle für die übernormale Dispersion in der hier behandelten Massenerscheinung. Früher ist die Frage der Dispersion gestreift worden, und es wurde die Lexissche Methode zur Bestimmung der Dispersionsverhältnisse kurz angegeben.

Bei normaler Dispersion gibt die Poissonsche Verteilung als mathematische Erwartung der mittleren quadratischen Abweichung

$$M = \sqrt{\sum_{1}^{\infty} (v - y)^2\, w_v} = \sqrt{y} .$$

Die bisher über den Einfluß der langen Gespräche gemachten Ausführungen zeigen, daß in dieser Formel an Stelle einer Anzahl von Werten v Werte $v + 1$ in der Verbindung $v - y$ treten, oder anders ausgesprochen:

Es erhalten Werte $(v + 1 - y)^2$ den zu großen Faktor w_v an Stelle des ihnen zukommenden Faktors w_{v+1}. Daraus folgt, daß an Stelle von M ein Wert $\overline{M}$ zu erwarten ist $\overline{M} > M$. $\overline{M} = \sqrt{y + a}$, wo a die früher als Dispersionsgröße bezeichnete Zahl ist, die sich bei der zahlenmäßigen Bestimmung von

$$\overline{M} = \sqrt{\frac{1}{n-1} \sum_{1}^{n} (v - \bar{v})^2}, \quad \text{wo} \quad \bar{v} = \frac{\sum\limits_{1}^{n} v_k}{n}$$

ergibt.

Es ist zu vermuten, daß a mit der Vergrößerung der normalen Belegung y durch die teilweise Dauerbelegung von Leitungen identisch ist.

Die zu y tretende Größe war $\alpha r = \Delta y \left(1 + \frac{\Delta y}{y}\right)$; Δy ist die an y anzubringende negative Korrektur, damit ein System der normalen mittleren Belegung y, das während des Bruchteils α einer Stunde durch lange Gespräche belastet ist, die normalen Arbeitsbedingungen bei Einhaltung der Verlustgrenze erfüllt.

Es ist $\Delta y = \alpha (\zeta + 0,16)$, also kommt für die Überbelastung αr der mittleren Belegung

$$\alpha r = \alpha (\zeta + 0,16) .$$

Jedenfalls ist die Dispersionsgröße a mit αr proportional zu setzen, also

$$a = k \cdot \alpha (\zeta + 0,16) .$$

Wir machen die Annahme $k = 1$ und wollen den Wert α für eine durch Rechnung bestimmte Dispersionsgröße $a = 0,3$ bestimmen. Wir setzen also

$$\alpha\,(\zeta + 0,16) = 0,3\,.$$

Das System soll $v = 20$ Leitungen haben.
Dann wird

$$\zeta = 0,524\,,$$

$$\alpha\,0,684 = 0,3\,.$$

Es wird

$$\alpha = 0,439\,,$$

d. h. es ist anzunehmen, daß rund 26 Minuten der Beobachtungsstunde durch lange Gespräche belastet sind.

Die langen Gespräche bewirken eine Überlastung des Systems. Soll das System trotz allem normal arbeiten, so muß die mittlere Belegung y verkleinert werden auf $y - \Delta y$. Dieser Defekt Δy läßt sich mit wünschenswerter Genauigkeit aus der Gleichung für die spezifische Belegung bestimmen, und dient in zweiter Linie dazu, um die wirkliche Überbelastung αr der mittleren Belegung festzustellen. Der Zusammenhang dieses Wertes mit der Dispersionsgröße a ist dann augenscheinlich.

Bei einem System mit nicht zu schwachem Verkehr, etwa $y > 3$, ist die Quelle für die Erscheinung übernormaler Dispersion in dem Auftreten von Gesprächsdauern zu suchen, die die Grenzen überschreiten, die in dem Gesprächsverteilungsgesetz für Gesprächslängen festgesetzt sind. In diesem Falle läßt sich, wie oben auseinandergesetzt, der Zusammenhang zwischen der Dispersionsgröße a und dem Bruchteil α der von anormal langen Gesprächen erfüllten Beobachtungszeit angeben.

Bei Systemen mit sehr schwachem Verkehr, die zuweilen stark übernormale Dispersion aufweisen, spielen Ursachen für deren Auftreten mit, deren Einwirkung sich nicht in allgemeine Gesetze bringen läßt. Man wird bei diesen Erscheinungen die übernormale Dispersion numerisch nur durch Messung und zahlenmäßige Auswertung erfassen können.

Darstellung der zusammengesetzten Wahrscheinlichkeiten im Ansatz von Bernoulli durch die maximale Wahrscheinlichkeit w^*, die einer Anzahl c entsprechen soll, und die Schwankung d einer beliebigen Anzahl $\bar{c} = c + d$ gegen den mittleren Wert.

Im Abschnitt V war bei der Aufstellung der Poissonschen Verteilungsfunktion von asymptotischen Entwicklungen die Rede, die sich durch geeignete Entwicklungen aus der Bernoulliform gewinnen lassen.

Für die folgenden Untersuchungen über die mittleren Relativschwankungen in Systemen ist es von Wert, auf diese früher gestreiften Fragen etwas näher einzugehen.

Es sind p und $q = 1 - p$ wie früher die beiden Grundwahrscheinlichkeiten für das Eintreten oder Ausbleiben eines bestimmten Ereignisses. Die Frage nach den zusammengesetzten Wahrscheinlichkeiten, die wiederholten Versuchen entsprechen, brachten den Newton-Bernoullischen Ansatz hervor. Die Wahrscheinlichkeit, daß bei m Versuchen das Ereignis α-mal eintritt und $(m - \alpha)$-mal ausbleibt, wird

$$u_\alpha = \binom{m}{\alpha} p^\alpha (q)^{m-\alpha}.$$

Die Frage nach der Anzahl α^*, der die maximale Wahrscheinlichkeit u^* zukommt, führte zu dem Ergebnis, daß α^* in den folgenden Grenzen eingeschlossen ist:

$$mp + p > \alpha^* > mp - q.$$

Für großes m liegt $\dfrac{\alpha^*}{m}$ zwischen $p + \dfrac{1}{m}$ und $p - \dfrac{1}{m}$, d. h. $\dfrac{\alpha^*}{m}$ kommt der Grundwahrscheinlichkeit p beliebig nahe. (Erste Form des Bernoullischen Theorems.)

In der Bezeichnung unserer Aufgabe lautet diese Grenzgleichung

$$ct + t > y > ct + t - 1.$$

Für großes c liegt $\dfrac{y}{c}$ zwischen $t + \dfrac{1}{c}$ und $t - \dfrac{1}{c}$. $\dfrac{y}{c}$ kommt dann der Grundwahrscheinlichkeit t, d. h. der normalen Gesprächslänge, beliebig nahe.

Eine wichtige Frage für die Beurteilung der Dispersionsverhältnisse eines Kollektivs ist die Bestimmung der mathematischen Erwartung der mittleren quadratischen Abweichung.

Im Abschn. IV wurde eine einfache Ableitung dieser Größe für die Poissonverteilung versprochen, die im folgenden gegeben werden soll.

Es ist zu bestimmen:

$$M = \sqrt{\sum_{v=0}^{\infty} (v - y)^2 \cdot w_v}.$$

Es wird also

$$M^2 = \sum_{0}^{\infty} (v - y)^2 \cdot w_v.$$

Es kommt demnach

$$M^2 = \sum_0^\infty v^2 \cdot w_v - 2\,y \sum_0^\infty v \cdot w_v + y^2 \sum_0^\infty w_v$$

$$= \sum_0^\infty v^2 \cdot w_v - 2\,y \cdot y + y^2 = \sum_0^\infty v^2 \cdot w_v - y^2.$$

Auszuwerten bleibt die Summe $\sum_0^\infty v^2 \cdot w_v$.

Es kommt beim Einsetzen des Wertes von $w_v = e^{-y} \cdot \dfrac{y^v}{v!}$:

$$\sum_0^\infty v^2 \cdot e^{-y} \cdot \frac{y^v}{v!} = e^{-y} \cdot y \left[1 + 2\frac{y}{1} + 3\frac{y^2}{2!} + 4\frac{y^3}{3!} + \cdots \right].$$

Es ist formal

$$1 + 2\frac{y}{1} + 3\frac{y^2}{2!} + 4\frac{y^3}{3!} + \cdots = d\,[y \cdot e^y] = e^y(1+y),$$

also kommt

$$\sum_0^\infty v^2 \cdot w_v = e^{-y} \cdot y\, e^y (1+y) = y(1+y) \qquad M^2 = \sum_0^\infty v^2 \cdot w_v - y^2 = y$$

in Übereinstimmung mit von v. Bortkewitsch wird

$$M = \sqrt{y}.$$

IX. Zusammensetzung und Teilung von Verkehrsmengen.

Übersicht.

1. Aus der Anschauung werden zunächst Gleichungen entwickelt, bezogen auf den Stundenverkehr, die der Wirklichkeit aber nicht entsprechen.

2. Ähnliche Gleichungen, bezogen auf den Gleichzeitigkeitsverkehr, können zur Lösung bestimmter Aufgaben angewandt werden.

Beispiel: Rückwärtige Sperrung bei der doppelten Vorwahl.

3. Die allgemeine Lösung des Teilungsproblems geht von der Auffassung des Verkehrs als eines Kollektivs aus, das durch die relative Schwankung σ gekennzeichnet wird.

4. Die Absicht ist, die Abhängigkeit der Schwankungsgröße σ von der Gruppengröße aufzufinden. Dazu ist zunächst die Wahrscheinlichkeit der Abweichungen d vom Mittelwert y des Kollektivs $(v = y + d)$ aufzustellen, dann ergibt sich, daß die Schwankungsgröße σ umgekehrt proportional der Quadratwurzel des Mittelwertes ist.

5. Bei der Trennnng und Zusammensetzung von Gruppen gleichen sich die Dispersionsgrößen aus.

6. Bei der Zusammensetzung von Verkehrsmengen kann man die Schwankungen σ der Teilgruppen und der großen Gruppe nicht unmittelbar als Quadratwurzel des umgekehrten Verhältnisses der Belastungen der beiden Gruppengrößen einsetzen, da ja der Übergang von der einen auf die andere Schwankung sich zeitlich nur langsam vollzieht. Man muß für dieses Verhältnis Mittelwerte einsetzen (a).

7. **Beispiele:** Berechnung einer Staffel.

A. Das Teilungsproblem auf Grund des Stundenverkehrs.

$S = 10000$ erzeugen in der HVSt. $C = 15000$ Belegungen von der Dauer $t = {}^1/_{40}$ Sunde. Das System sei in Gruppen von $s = 100$ Teilnehmer geteilt. Dann werden die einzelnen kleinen Gruppen ihre HVSt. nicht zur gleichen Tageszeit haben, wie die große Gruppe. Einzelne kleine Gruppen werden mehr als den Durchschnitt erzeugen, andere weniger. In den Gruppen mit stärkerer Belastung werden die Verluste größer sein, als wenn sie nur die Durchschnittsbelastung aufweisen, und die Zahl der Wege dafür berechnet ist. In den schwächer belasteten Gruppen sind die Verluste allerdings kleiner, als wofür die Wege berechnet sind, aber die Überschreitung der vorgeschriebenen Verlustzahl in den stärker belasteten Gruppen ist größer als die Einsparung an Verlusten in den schwächer belasteten Gruppen. Die Frage lautet also: Wie groß muß man den Verkehr der HVSt. für die Teilgruppen annehmen, wenn eine vorgeschriebene Verlustziffer für das ganze Amt nicht überschritten werden soll?

Die Aufgabe lautet: Wenn S Teilnehmer in der HVSt. C Belegungen von je t Stunden erzeugen, so entfallen wie viele Belegungen auf eine Gruppe von s Teilnehmern?

In der Abb. 6 ist die Abszisse ($= 1$ Stunde) in $1/t$ Abschnitte geteilt. Die Ordinate zeigt die Teilnehmerzahl S, und S/t ist die Zahl aller Sprechmöglichkeiten. Man teilt nun eine kleine Gruppe von s Teilnehmern ab, mit ihren s/t Sprechmöglichkeiten. Auf diese s Teilnehmer entfallen x Belegungen. Diese x Belegungen können sich auf $\binom{s/t}{x}$ Arten auf die s/t Sprechmöglichkeiten verteilen. Die übrigen $C - x$ Belegungen müssen sich alsdann auf die noch übrigen $S/t - s/t$ Sprechmöglichkeiten verteilen auf $\binom{S/t - s/t}{C - x}$ Arten. Der Zähler der gesuchten Wahrscheinlichkeit ist das Produkt dieser beiden Ausdrücke. Der Nenner ist die Zahl der überhaupt möglichen Verteilungen und kann (ähnlich wie für Gleichung 1) auf zwei Arten ausgedrückt werden.

a) als Summe aller Produkte wie im Zähler $x = 0$ bis $x = C$ oder

b) als Einzelabgabe $\binom{S/t}{C}$.

Die gesuchte Wahrscheinlichkeit, daß x Belegungen in die Teilgruppe fallen, ist:

$$w_x = \frac{\binom{s/t}{x}\binom{S/t - s/t}{C - x}}{\sum\limits_{x=0}^{C}\binom{s/t}{x}\binom{S/t - s/t}{C - x}} = \frac{\binom{s/t}{x}\binom{S/t - s/t}{C - x}}{\binom{S/t}{C}}. \qquad (20)$$

Die zahlenmäßige Auswertung dieser Gleichung ergibt nur angenähert Übereinstimmung mit der Erfahrung aus den gleichen Gründen, wie dies für Gleichung 1 geschildert wurde. Die der Gleichung zugrunde gelegten Vorschriften sind zu scharf.

Erste Erweiterung der Gleichung 1. Wir lassen S und C sehr groß werden, halten aber die mittlere Belegungszeit $z = \dfrac{Ct}{S}$ konstant.

Durch ähnliche Grenzübergänge wie für Gleichung 1 erhalten wir

$$w_x = \binom{s/t}{x} z^x (1 - z)^{st-x}, \qquad (21)$$

worin

s die Teilnehmerzahl der kleinen Gruppe,

t die mittlere Belegungsdauer,

$\dfrac{ct}{s} = z$ die mittlere Belegungszeit eines Anschlusses,

c die mittlere Belegungszahl der kleinen Gruppe

ist.

Zweiter Grenzübergang. Wir lassen in der Gleichung 21 die Anschlußzahl s sehr groß werden, halten aber die mittlere Belegungszahl c konstant. Man erhält die Wahrscheinlichkeiten w_x der Schwankungen der Belegungszahlen um die mittlere Belegungszahl c zu

$$w_x = e^{-c}\frac{c^x}{x!}, \qquad (22)$$

worin

$$e = 2{,}71828\ldots,$$

$c =$ mittlere Belegungszahl.

In den Gleichungen 21 und 22 ist die Beziehung der Gruppengrößen S und s verloren gegangen, während man weiß, daß Gleichung 20 auf zu engen Annahmen beruht.

B. Das Teilungsproblem, bezogen auf den Gleichzeitigkeitsverkehr.

Die Stärke des Fernsprechverkehrs ist in den bisherigen Überlegungen durch den Stundenverkehr C und t erfaßt worden. Die engen Beziehungen zwischen dem Stundenverkehr $y = ct$ und dem Gleichzeitigkeitsverkehr, d. h. den gleichzeitig bestehenden Verbindungen ist im Abschnitt II dargestellt worden. Man kann also den Fernsprechverkehr ebenso eindeutig, wie durch y, auch durch den Gleichzeitigkeitsverkehr g darstellen, und sagt z. B., der Verkehr ist so groß, daß für ihn G Wege vorzusehen sind.

Die Aufgabe lautet nun: Wenn auf V belegbare Punkte (z. B. Ausgänge aus Gruppen) G gleichzeitig bestehende Verbindungen kommen, so entfallen x gleichzeitige Verbindungen auf v Ausgänge einer Teilgruppe mit welcher Wahrscheinlichkeit w_x?

Von den v Ausgängen können gerade x auf $\binom{v}{x}$ Arten belegt werden. Von den übrigen $V - v$ belegbaren Punkten können $G - x$ auf $\binom{V - v}{G - x}$ Arten belegt werden. Der Zähler der gesuchten Wahrscheinlichkeit ist das Produkt der beiden Ausdrücke. Der Nenner kann wieder auf zwei Arten gebildet werden, die ohne weiteres verständlich sind. Man erhält also die Wahrscheinlichkeit w_x, daß x gleichzeitig bestehende Verbindungen auf eine Teilgruppe v entfallen, wenn für V Ausgänge G Verbindungen stehen, ist

$$ w_x = \frac{\binom{v}{x}\binom{V - v}{G - x}}{\binom{V}{G}} = \frac{\binom{v}{x}\binom{V - v}{G - x}}{\sum\limits_{x=0}^{G} \binom{v}{x}\binom{V - v}{G - x}}. \tag{23} $$

Es ist leicht zu sehen, daß diese Gleichung dem wirklichen Fernsprechverkehr nur angenähert entsprechen kann. Angenommen $V = 500$; $G = 50$; $v = 50$, so hat der Wert w_{50} eine endliche Größe, d. h. es ist danach möglich, daß alle 50 Teilpunkte der kleinen Gruppe belegt sind, während die übrigen 450 Punkte frei sind. Theoretisch ist ein solcher Zustand denkbar, aber praktisch wohl nicht zu erwarten.

Erste Erweiterung der Gleichung 23. Lasse in Gleichung 23 V und G sehr groß werden, halte aber das Verhältnis $z = \dfrac{G}{V}$, d. h. den mittleren Gleichzeitigkeitsverkehr je belegbaren Punkt konstant. Man erhält:

$$ w_x = \binom{v}{x} z^x (1 - z)^{v - x}, \tag{24} $$

worin

v die belegbaren Punkte einer Gruppe,

$z = \dfrac{v}{g}$ der mittlere Gleichzeitigkeitsverkehr je Ausgang,

$g =$ der Gleichzeitigkeitsverkehr der Gruppe.

Zweite Erweiterung der Gleichung 23. Lasse die Punktzahl v sehr groß werden, halte aber g konstant. Man erhält dann die Wahrscheinlichkeit w_x der Schwankungen des Gleichzeitigkeitsverkehrs um den Mittelwert g zu

$$w_x = e^{-g}\,\frac{g^x}{x!},\qquad(25)$$

worin

$$e = 2{,}71828\ldots,$$

$g =$ mittlerer Gleichzeitigkeitsverkehr.

Die Gleichungen 23, 24, 25 können wohl in besonderen Fällen gebraucht werden, aber meistens tritt eine weitere Bedingung hinzu. Angenommen es sei $V = 500$ und $v = 50$, so setzt die Gleichung 23 voraus, daß die $V - v = 450$ Ausgänge eine Gruppe bilden, in welcher die restlichen Verbindungen sich beliebig verteilen können. Eine solche Anordnung wird sich im Fernsprechwesen nicht finden. Es wird stets so sein, daß die $V = 500$ Punkte in 10 kleine Gruppen je $v = 50$ eingeteilt sind. Dann ist die Verteilung der restlichen $G - x$ Belegungen nicht mehr willkürlich. Man muß also die Gleichung 23 dahin erweitern, daß man nicht eine große Gruppe $(V - v)$ und eine kleine Gruppe v annimmt, sondern eine Mehrzahl kleiner Gruppen v. Diese Erweiterung wird im folgenden Abschnitt für ein Beispiel durchgeführt, das einen Vergleich mit der Erfahrung ermöglicht.

Rückwärtige Sperrung bei der doppelten Vorwahl. Bei der doppelten Vorwahl nach Abb. 5 tritt folgende Erscheinung auf: Aus den 20 Teilnehmergruppen treten 200 Leitungen aus, die sich gleichmäßig über 10 Gruppen II. VW. verteilen, also je 20 Eingänge in jede Gruppe II. VW. Jede solche Gruppe hat nun 10 Ausgänge. Wenn diese alle besetzt sind, so sind die 10 weiteren Zugänge nicht mehr verfügbar, sie müssen gesperrt werden, obwohl sie nicht mit einer Verbindung belegt sind. Die I. VW. laufen über die so „rückwärts" gesperrten Leitungen hinweg. Die Fernsprechtechnik hat ein Interesse daran, zu wissen, wie oft die rückwärtige Sperrung bei verschiedenen Belastungen auftritt.

Dumjohn und Martin[1]) teilen folgende Messungsergebnisse mit:

---

[1]) Dumjohn und Martin: Post Office El. Eng. Journ., Juli 1922.

Zahlentafel 3.

I.	II. Dumjohn und Martin	III. Mc. Henry	IV. $y = 75$	V. $y = 78$
P_0	0,4287	0,3504	0,766	0,680
P_1	0,2554	0,3874	0,188	0,236
P_2	0,1460	0,1927	0,038	0,043
P_3	0,2827	0,0568	0,013	0,020
P_4	0,0445	0,0110	0,007	0,011
P_5	0,0201	0,0014	0,0047	0,0072
P_6	0,0135	0,0001	0,0032	0,0050
P_7	0,0049	0,000008	0,0022	0,0037
P_8	0,0019	—	0,0017	0,0030
P_9	0,0012	—	0,0012	0,0025
P_{10}	0,0002	—	0,0009	0,002
Sa.	1,0000	—	1,0269	1,0155

Darin bedeutet P_0 die Häufigkeit (Wahrscheinlichkeit), wie oft bei einem Verkehr von $y = 75$ Bel.-Stunden gerade keine Gruppe II. VW. voll besetzt ist, P_x wie oft gerade x Gruppen II. VW. voll besetzt sind. Die Beobachtungen sind nicht in einem 2000er-Amt im Betriebe gemacht worden, sondern an einem 2000er-Amt, das in der Fabrik (Siemens Brth. in London) aufgestellt war und künstlich belastet wurde. (Dumjohn und Martin veröffentlichen noch weitere Zahlen über andere Messungen, die bisher aber theoretisch noch nicht nachgerechnet wurden.)

C. Mc. Henry[1]) (Sydney) hatte eine Theorie veröffentlicht, die nebst anderem die obengestellte Aufgabe zu lösen versucht. Die ganze Gruppe ist mit $y = 75$ Stunden belastet. Auf eine Gruppe II. VW. entfallen also 7,5 Bel.-Stunden. Die Gefahrzeit einer solchen Gruppe ist daher $w_{10} = e^{-7,5} \cdot \dfrac{7,5^{10}}{10!} = 0{,}0995$ und $1 - 0{,}0995 = 0{,}9005$ ist die Wahrscheinlichkeit, daß die Gruppe nicht voll besetzt ist. Die Wahrscheinlichkeit, daß keine der 10 Gruppen voll besetzt ist, ist also $0{,}9005^{10} = 0{,}3504$. Die Wahrscheinlichkeit, daß x Gruppen frei (also $10 - x$ rückwärts gesperrt) sind, ist $\binom{10}{x} w_{10}^x (1 - w_{10})^{10-x}$.

Mit dieser Gleichung von Mc. Henry haben Dumjohn und Martin die Zahlen der Reihe III berechnet. Man sieht, daß die Theorie die Wirklichkeit auch nicht angenähert wiedergiebt.

Einen ähnlichen Versuch wie Mc. Henry hat M. Milon[2]) gemacht. Der Fehler der Theorie ist leicht zu erkennen. Der Bernoullische

---

[1]) Mc. Henry, C.: Post Office El. Eng. Journ., Jan. 1922.
[2]) Milon, M.: Ann. des Postes, Télégraphie et Téléphonie 1916, S. 468.

Ansatz kann nur gemacht werden, wenn die Wahrscheinlichkeit für jede Wiederholung der Versuches die gleiche bleibt. Diese Voraussetzung ist in der vorliegenden Aufgabe nicht erfüllt. Wenn eine Gruppe II. VW. voll belegt ist, so fließt der Verkehr, welcher ihr zukommen sollte (nämlich über die rückwärts gesperrten Leitungen), anderen Gruppen II. VW. zu; in anderen Worten, die noch freien Gruppen II. VW. erhalten um so mehr Zufluß, je mehr Gruppen II. VW. nicht mehr zugänglich sind.

Die nachfolgende Theorie versucht eine Lösung der Aufgabe der Berechnung der Häufigkeit der rückwärtigen Sperrung auf Grund des Gleichzeitigkeitsverkehrs.

Die Angabe $y = 75$ Bel.-Stunden ist gleichbedeutend mit der Angabe $g = 75$ durchschnittlich gleichzeitig bestehender Verbindungen. Zunächst berechnet man mit der Gleichung 25 die Häufigkeit w_g des Vorkommens der Schwankungen um diesen Mittelwert (siehe Reihe II der Zahlentafel 4).

F_1. Zunächst sei die Gleichung für die Wahrscheinlichkeit der vollen Belegung einer einzigen Gruppe II. VW. entwickelt.

Es seien gegeben $m = 10$ Gruppen II. VW. mit je $q = 10$ Ausgängen. Die Aufgabe lautet nun für den Zähler der gesuchten W: Auf wieviel Arten können von g gleichzeitig bestehenden Verbindungen q Verbindungen auf eine der m Gruppen entfallen, während die übrigen $g - q$ Verbindungen sich so auf die übrigen $m - 1$ Gruppen verteilen, daß in jeder dieser $m - 1$ Gruppen höchstens $q - 1$ Verbindungen liegen. Denn diese letzte Vorschrift ist die Bedingung dafür, daß die $m - 1$ Gruppen nicht voll belegt (rückwärts gesperrt) sind.

Aus den m Gruppen kann man auf $\binom{m}{1}$ Arten eine Gruppe heraussuchen, die man untersuchen will.

In dieser Gruppe können die q Ausgänge durch q Verbindungen auf $\binom{q}{q} = 1$ Arten belegt sein.

Die übrigen $m - 1$ Gruppen haben je $q - 1$, zusammen $(m - 1)(q - 1)$ Ausgänge, die in beliebiger Weise von den übrigen $g - q$ Verbindungen belegt sein dürfen. Das kann auf $\binom{(m-1)(q-1)}{g-q}$ Arten geschehen.

Endlich kann man in jeder Gruppe von q Ausgängen auf $\binom{q}{q-1}$ Arten sich $q - 1$ belegbare Ausgänge aussuchen. Der Zähler lautet also

$$\binom{m}{1}\binom{q}{q}\binom{(m-1)(q-1)}{g-q}\binom{q}{q-1}^{m-1}.$$

Der Nenner der gesuchten Wahrscheinlichkeit ist folgendermaßen zu bilden: Es ist möglich, daß $x = 0$ bis $x = q$ Belegungen in die untersuchte Gruppe fallen. Die Wahrscheinlichkeit w_q, daß eine Gruppe II. VW. voll belegt ist, ist also:

$$w_q = \frac{\binom{m}{1}\binom{q}{q}\left(\frac{(m-1)(q-1)}{g-q}\right)\left(\frac{q}{q-1}\right)^{m-1}}{\sum\limits_{x=0}^{x=q}\binom{m}{1}\binom{q}{x}\left(\frac{(m-1)(q-1)}{g-x}\right)\left(\frac{q}{q-1}\right)^{m-1}}.$$

Nach der Entfernung gleicher Faktoren in Zähler und Nenner wird

$$w_q = \frac{\left(\frac{(m-1)(q-1)}{g-q}\right)}{\sum\limits_{x=0}^{x=q}\binom{q}{x}\left(\frac{(m-1)(g-q)}{g-x}\right)}. \tag{26}$$

Diese Gleichung kann mit dem Verfahren laut Anhang mit dem Rechenschieber ausgewertet werden und ergibt die Zahlen w_q der Reihe III der Zahlentafel 4, Seite 109. Für $q = 91$ wird $w_q = 1$, wie man sich leicht überzeugen kann. 10 dieser Belegungen entfallen auf die untersuchte Gruppe. In den übrigen 9 Gruppen dürfen je höchstens 9 Verbindungen, zusammen 81 Verbindungen liegen, d. h. die Forderung, daß bei $g = 91$ nur eine Gruppe II. VW. rückwärtig gesperrt ist, kann nur auf eine einzige Art erfüllt werden und der beschriebene Belegungszustand ist mit Sicherheit ($w_q = 1$) zu erwarten.

Während der ganzen Beobachtungszeit kommt der Zustand $w_q = 0,0116$ ebenso oft vor, als $g = 60$ gleichzeitige Belegungen, nämlich $w_g = 0,01026$ vorkommen. Die Wahrscheinlichkeit P_1 für die rückwärtige Sperrung einer einzigen Gruppe II. VW. ist also eine Summe der zusammengesetzten Wahrscheinlichkeiten $w_q \cdot w_g =$ II. und III. Reihe der Zahlentafel gleich der Reihe IV. Nun sind in dieser Zahlentafel nur einzelne Werte für $g = 55$, 60, 65 usw. berechnet. Man trägt diese Werte in eine Kurve ein und addiert alle Ordinaten über den Abszissen 55 bis 91. Die Summe ergibt $P_1 = 0,188$ für die Annahme $y = G = 75$ für die ganze Anlage.

P_0 ist die Wahrscheinlichkeit, daß keine Gruppe II. VW. voll belegt ist. w_q ist nun die Wahrscheinlichkeit, daß eine Gruppe voll belegt ist, während alle anderen Gruppen noch frei sind für ein gegebenes g. Dann ist $1 - w_q$ die Wahrscheinlichkeit, daß diese betrachtete Gruppe ebenfalls nicht voll belegt ist, daß also überhaupt keine Gruppe rückwärts gesperrt ist. Dieser Zustand $1 - w_q$ (Reihe V) kommt nun mit den entsprechenden Häufigkeiten w_g (Reihe II) vor, und Reihe VI zeigt die zusammengesetzten Wahrscheinlichkeiten. Man trägt sie in eine Kurve ein und addiert alle Ordinaten über $g = 55$, 56, 75 bis 91. P_0 wird 0,766 für $y = G = 75$ in der ganzen Anlage.

Zahlentafel 4

für die Einzel-Wahrscheinlichkeiten $w_g = e^{-75} \dfrac{75^g}{g!}$ und Häufigkeit der rückwärtigen Sperrung einer Gruppe und keiner Gruppe:

I.	II.	III.	IV.	V.	VI.
g	w_g	w_q	$w_g \cdot w_q$	$1 - w_q$	$w_g (1 - w_q)$
55	0,00283	0,003	0,00000…	0,997	0,0028
60	0,01206	0,0116	0,000119	0,9884	0,0101
65	0,02458	0,0273	0,000671	0,9727	0,0241
70	0,04016	0,0654	0,00263	0,9346	0,0374
75	0,04601	0,128	0,00589	0,872	0,0401
80	0,03785	0,256	0,0097	0,744	0,0282
85	0,02282	0,483	0,01105	0,517	0,01182
87	0,0172	0,622	0,0107	0,378	0,0065
89	0,01232	0,879	0,0107	0,13	0,00160
90	0,01026	0,89	0,0091	0,11	0,00113
91	0,0085	1,0	0,0085	0	0

P_2 ist die Wahrscheinlichkeit, daß zwei Gruppen II. VW. voll belegt sind. Der Zähler der gesuchten Wahrscheinlichkeit wird folgendermaßen gebildet:

Man kann aus den m Gruppen auf $\binom{m}{2}$ Arten zwei Gruppen aussuchen. In jeder dieser Gruppen kann man auf $\binom{q}{q} = 1$ Arten die q Ausgänge durch q Verbindungen belegen. Es sind noch $(m-2)$ Gruppen übrig, von denen jede bis zu $q-1$ Verbindungen erhalten darf, da sie ja nicht voll belegt sein sollen. Es sind also $(m-2)$ $(q-1)$ Ausgänge mit $g - 2q$ Verbindungen belegbar auf $\binom{(m-2)(q-1)}{g-2q}$ Arten. Ferner kann man ja in jeder der $m-2$ Gruppen auf $\binom{q}{q-1}$ Arten die belegbaren Ausgänge aussuchen. Der Zähler lautet also

$$\binom{m}{2}\binom{q}{q}^2 \binom{(m-2)(q-1)}{g-2q}\binom{q}{q-1}^{m-2}.$$

Der Nenner entsteht dadurch, daß man in den beiden betrachteten Gruppen die Belegungen von 0 bis q anwachsen läßt. Die Wahrscheinlichkeit, daß bei g gleichzeitig bestehenden Verbindungen zwei Gruppen II. VW. voll belegt sind, ist somit (nach Kürzung der Konstanten in Zähler und Nenner):

$$w_{2q} = \frac{\binom{(m-2)(q-1)}{g-2q}}{\sum\limits_{\substack{x=0 \\ y=0}}^{\substack{x=q \\ y=q}} \binom{q}{x}\binom{q}{y}\binom{(m-2)(q-1)}{g-x-y}} .$$

Diese Gleichung kann leicht mit dem Rechenschieber ausgewertet werden, wenn man reihenweise für $x = 0$ das y alle Werte von 0 bis q annehmen läßt, und das Verfahren für $x = 1, 2, 3, \ldots, q$ wiederholt. Die so entstehenden Werte von w_{2q} werden mit den entsprechenden Häufigkeiten w_g multipliziert. P_2 ist dann die Summe aller so zusammengesetzten Wahrscheinlichkeiten und wird $= 0{,}038$ für $g = 75$ in der ganzen Anlage.

P_x, die Wahrscheinlichkeit, daß x Gruppen II. VW. gesperrt sind, könnte der Gleichung 26 entsprechend gebildet werden, aber die Auswertung würde unzweckmäßig langwierig werden. Für die vorliegende Aufgabe kann man aber noch die Wahrscheinlichkeit P_{10}, daß alle Gruppen voll belegt sind, leicht finden. Denn das kann nur eintreten, wenn $g = 100$ ist. In diesem Falle müssen alle 10 Gruppen mit je 10 Ausgängen voll belegt sein. Die Wahrscheinlichkeit in diesem Fall ist $w_{10q} = 1$ für $g = 100$. Die Häufigkeit dieses Vorkommens ist $w_{100} = e^{-75}\dfrac{75^{100}}{100!} = 0{,}00092$. Man trägt nun auf logarithmischem Papier die Punkte P_0, P_1, P_2 und P_{10} ein, legt eine gleichmäßig verlaufende Linie durch die Punkte und liest die fehlenden P_x ab. Die so gewonnenen Werte sind in der Reihe IV der Zahlentafel 3 aufgeführt. Es sei nebenbei bemerkt, daß die von Dumjohn und Martin angegebenen Werte für P_0 bis P_{10} auf dem logarithmischen Papier fast eine gerade Linie ergeben, nur der Punkt $P_{10} = 0{,}0002$ liegt viel zu tief. Die durch die Punkte P_0 bis P_9 festgelegte Gerade, bis P_{10} fortgesetzt, würde ein $P_{10} = 0{,}0007$ ergeben, also nahe bei der theoretischen Ziffer $0{,}0009$ liegen.

Die Übereinstimmung zwischen Messung (Reihe II, Tafel 3) und Rechnung (Reihe IV) ist noch nicht groß. Wiederholt man die ganze Rechnung für $g = 78$ (statt $g = 75$), so erhält man die Reihe V Zahlentafel 3. Auch diese Werte befriedigen noch nicht vollständig. Die Frage ist, woher die Abweichungen kommen. Es sei ausdrücklich darauf aufmerksam gemacht, daß Dumjohn und Martin ihre Zahlen mit einer künstlichen Belastung gewonnen haben, man kann vermuten, daß eine Nachprüfung in einem Amte mit wirklichen 2000 Teilnehmern andere Zahlen ergeben würden. Immerhin wird man die Theorie verwenden können, um den Einfluß der einzelnen Größen m, q, g zu studieren.

C. Die zahlenmäßige Kennzeichnung eines Kollektivs.

In der Praxis des Fernsprechwesens haben sich gewisse Anordnungen von Systemen von Verbindungswegen als besonders leistungsfähig erwiesen. Diese Anordnungen (Staffelungen nennt sie die Technik) sind mathematisch zu untersuchen, d. h. die Grundlagen für die Erscheinungen sind zu finden. Die durch Messungen festgestellten Ergebnisse sind auf dem Wege der Rechnung nachzuprüfen. Gelingt es der mathematischen Untersuchung, die Zusammenhänge der Tatsachen vollständig aufzudecken, so kann sie der Praxis von schätzenswertem Nutzen dadurch werden, daß man an die Lösung der Frage nach der optimalen Anordnung gehen kann. Verlangt werden mathematische Gesetze für die Eigenschaften von Kollektiven, die durch Trennung und Verbindung einer Anzahl bekannter Systeme entstehen. Dabei ergibt sich als erste Forderung, irgendein Kollektiv (hier ein Leitungssystem, das eine bestimmte mittlere Verkehrsstärke aufnehmen soll), also irgendein derartiges System durch eine fundamentale Eigenschaft quantitativ festzulegen. Ist c die mittlere Anzahl von Belegungen eines Systems im Zeitraum, t die normale Gesprächslänge, $ct = y$ in bekannter Weise die mathematische Erwartung der Anzahl von Belegungen im Verlaufe der Zeit t, so haben wir die Anzahlen $v > y$ während der Beobachtungszeit festzustellen, insbesondere sind die Schwankungen $d = v - y$ zu betrachten.

Die Anzahl der zur mittleren Belegung $y = ct$ gehörigen Verbindungswege werde mit V bezeichnet, und es hängen y und V zusammen in der früher bestimmten Weise, wenn die grundlegende Bedingung besteht, daß nur $\frac{1}{1000}$ des Verkehrs, also der Belegungsanteil $\delta y = \dfrac{y}{1000}$ durch das Fehlen von freien Verbindungswegen verloren gehen darf. Dann ergeben sich die früher abgeleiteten Beziehungen zwischen y und V, also etwa $\zeta = \dfrac{y}{V} = K \log V$ u. a.

Gewisse Eigenschaften von Kollektiven sind qualitativ allgemein bekannt. Man weiß, daß bei großen Kollektiven, d. h. bei großer Anzahl der Elemente, aus denen das Kollektiv sich aufbaut, die relativen Schwankungen, d. h. in unserem Problem die Größe $\sigma = \dfrac{v - y}{y}$ gegen den mittleren (wahrscheinlichen) Wert, d. h. gegen die mathematische Erwartung, mit wachsender Ausdehnung des Kollektivs abnehmen.

Dem großen System kommt die größere Stetigkeit zu, die schroffen Zickzack-Kurven der kleinen Systeme glätten sich, wenn eine Anzahl von kleinen Systemen durch Zusammensetzung in ein großes übergeht. Diese grundlegende Tatsache, von deren qualitativer Richtigkeit man ohne Rechnung rein gefühlsmäßig überzeugt ist, muß für die Lösung der hier von der Praxis gestellten Aufgaben quantitativ dem mathematischen Ansatz zugänglich gemacht werden.

Als Vorarbeit für die im nachfolgenden zu behandelnden Fragen sollen einige formale Entwicklungen durchgeführt werden, damit die folgenden Überlegungen nicht von zu vielen den Inhalt belastenden Formeln begleitet sind.

D. Die Bestimmung der mathematischen Erwartung der Schwankungen.

y sei wie immer die mittlere Anzahl von Belegungen im Zeitraum t einer mittleren (normalen) Gesprächsdauer. Von Wichtigkeit ist für uns die Bestimmung der mathematischen Erwartung $\overline{D}$ der Schwankung $d = v - y$, wenn alle Werte d im Bereiche von 0 bis ∞ in Betracht gezogen werden.

In der Bernoullischen Theorie, d. h. in der Reihe der mathematischen Entwicklungen, die zum Bernoullischen Theorem führen, wird eine Formel abgeleitet, die in unserer Bezeichnungsweise lautet:

$$w_v = w_{y+d} = w_y \cdot e^{-\frac{d^2}{2y}} = \frac{1}{\sqrt{2\pi y}} \cdot e^{-\frac{d^2}{2y}}.$$

Diese Formel wird durch Einsatz der Stirlingschen Näherungsformel für $v!$ und der Entwicklung von $\ln(1 + \varepsilon) = \varepsilon - \frac{\varepsilon^2}{2} + \cdots$ durch einfache Umformungen aus der Bernoullischen Form der zusammengesetzten Wahrscheinlichkeit

$$w_v = \frac{c!}{v!\,(c-v)!} \cdot t^v (1-t)^{c-v}$$

gewonnen. Noch einfacher läßt sich das Resultat aus der Poissonschen Verteilungsfunktion ableiten, doch hat die Darstellung den Nachteil, nur in engen Grenzen für v gültig zu sein.

Es muß $v \leqq y + \lambda \sqrt{c}$, wo

$$\frac{\lambda \sqrt{c}}{y} = \frac{\frac{\lambda}{\sqrt{t}}}{\sqrt{y}} \leqq 1$$

sein muß.

Für unser Ziel sind Summierungen und Integralauswertungen erforderlich in den Grenzen $d = 0$ bis $d \to \infty$.

Zunächst stellen wir die Frage:

Ist es möglich, einen Ansatz zu finden

$$w_v = w_{y+d} = \frac{1}{\sqrt{2\pi y}} \cdot e^{-\varkappa d^2},$$

der die Eigenschaft hat, bei der Ausdehnung der Summierung bis $d = \infty$ ein hinreichend genaues Ergebnis zu liefern?

Zu diesem Zweck bedienen wir uns des folgenden Näherungsverfahrens.

Zunächst benutzen wir den Umstand, daß, wenn an Stelle von $d = v - y$ die stetige Veränderliche $u = v - y$ gesetzt wird, das Integral

$$J^{(2)} = \int_{v=0}^{v=\infty} (v-y)^2 \cdot w_v\, dv = \frac{1}{\sqrt{2\pi y}} \int_{u=-y}^{u=\infty} u^2 \cdot w_{y+u}\, du \sim \frac{1}{\sqrt{2\pi y}} \int_{-y}^{\infty} u^2\, e^{-\varkappa u^2}\, du$$

von der Summe

$$[E(u)]^2 = \sum_{v=0}^{v=\infty} (v-y)^2\, w_v$$

wenig verschieden sein wird.

Für die Poissonverteilung wird nach den früheren Entwicklungen

$$[E(u)]^2 = M^2 = y.$$

Diesem Wert muß unser Integral $J^{(2)}$ angenähert gleich sein, und wir benutzen diese Tatsache zur Bestimmung des vorläufig unbestimmten Koeffizienten k im Exponent der Exponentialfunktion $e^{-\varkappa u^2}$.

Die Rechnung sei in kurzen Zügen wiedergegeben.

Es soll werden

$$J^{(2)} = \frac{1}{\sqrt{2\pi y}} \int_{-y}^{\infty} u^2 \cdot e^{-\varkappa u^2}\, du = y.$$

Die unbestimmte Integration von $\int u^2 e^{-\varkappa u^2}\, du$ führt sich durch partielle Integration so aus:

$$\int u^2\, e^{-\varkappa u^2}\, du = \int u\, (u\, e^{-\varkappa u^2})\, du = \int u\, d\Phi,$$

wo also $\Phi = -\dfrac{1}{2\varkappa}\, e^{-\varkappa u^2}$ ist.

Es kommt dann

$$\int u^2\, e^{-\varkappa u^2}\, du = \int u\, d\Phi = u\Phi - \int \Phi\, du = -\frac{1}{2\varkappa} u\, e^{-\varkappa u^2} + \frac{1}{2\varkappa} \int e^{-\varkappa u^2}\, du.$$

Beim Einsetzen der Grenzen kommt dann:

$$J^{(2)} = \int\limits_{-y}^{\infty} \frac{1}{\sqrt{2\,\pi\,y}} \cdot u^2\, e^{-\varkappa u^3}\, d u$$

$$= \int\limits_0^y \frac{}{} + \int\limits_0^{\infty} \frac{}{} = \left[-\frac{1}{2\,\varkappa}\, u\, e^{-\varkappa u^2} \right]_0^y \cdot \frac{1}{\sqrt{2\,\pi\,y}}$$

$$+ \frac{1}{2\,\varkappa} \cdot \frac{1}{\sqrt{2\,\pi\,y}} \int\limits_0^y e^{-\varkappa u^2}\, d u + \left[-\frac{1}{2\,\varkappa} \cdot u\, e^{-\varkappa u^2} \right]_0^{\infty} \cdot \frac{1}{\sqrt{2\,\pi\,y}}$$

$$+ \frac{1}{\sqrt{2\,\pi\,y}} \cdot \frac{1}{2\,\varkappa} \int\limits_0^{\infty} e^{-\varkappa u^2}\, d u\,.$$

Nach einfacher Umformung kommt:

$$J^{(2)} = \int\limits_{-y}^{\infty} \frac{1}{\sqrt{2\,\pi\,y}} \cdot u^2\, e^{-\varkappa u^2}\, d u$$

$$= \frac{1}{\sqrt{2\,\pi\,y}} \left\{ -\frac{1}{2\,\varkappa} \cdot y\, e^{-\varkappa y^2} + \frac{1}{2\,\varkappa}\, (1-\lambda) \sqrt{\frac{\pi}{\varkappa}} + \frac{1}{2\,\varkappa} \cdot \sqrt{\frac{\pi}{\varkappa}} \right\}$$

$$(\lambda \text{ ist ein echter Bruch}).$$

Für das Integral $\int\limits_0^y e^{-\varkappa u^2}\, d u$ ist gesetzt worden

$$(1-\lambda) \int\limits_0^{\infty} e^{-\varkappa u^2}\, d u = (1-\lambda) \sqrt{\frac{\pi}{\varkappa}}\,.$$

λ ist ein echter Bruch, der für $y > 8$ gleich 0 gesetzt werden kann. Ich behandele die Gleichung $J^{(2)} = y$ zunächst für diesen Fall. Dann kommt unter Beachtung des Umstandes, daß dann das Glied $-\dfrac{1}{2\,\varkappa}\, y\, e^{-\varkappa y^2}$ klein gegen die übrigen Glieder wird, die Gleichung zur Bestimmung des Koeffizienten

$$2\,\frac{1}{2\,\varkappa} \cdot \sqrt{\frac{\pi}{\varkappa}} = \sqrt{\pi} \cdot y^{3/2} \cdot \sqrt{2}$$

$$\frac{1}{\varkappa^{3/2}} = y^{3/2} \cdot 2^{1/2}$$

$$\varkappa^{3/2} = \frac{1}{y^{3/2} \cdot 2^{1/3}}\,, \qquad\qquad \varkappa = \frac{1}{2^{1/2} \cdot y}\,.$$

Bei der Ausdehnung der Summation auf beliebig große Schwankungen haben wir mit dem Wahrscheinlichkeitsansatz

$$w_v = \frac{1}{\sqrt{2\pi y}} \cdot e^{-\frac{d^2}{2^{1/3} \cdot y}}$$

zu rechnen, der gegenüber dem für kleine Schwankungen gültigen Ansatz

$$\overline{w}_v = \frac{1}{\sqrt{2\pi y}} \cdot e^{-\frac{d^2}{2y}}$$

eine beschleunigte Abnahme gegen den Maximalwert $w_y = \frac{1}{\sqrt{2\pi y}}$ mit der Entfernung der Zahl v von dem wahrscheinlichen Wert y ergibt.

Die Rechnung ist zu ergänzen für den Fall kleiner y, für die

$$\int_0^y e^{-\varkappa u^2} d u = (1 - \lambda) \sqrt{\frac{\pi}{\varkappa}}$$

$$\left\{ -\frac{1}{2\varkappa} \cdot y e^{-\varkappa y^2} \right\} < 0 = -\beta^2$$

anzunehmen ist.

Dann kommt als Bestimmungsgleichung für $\varkappa$ die folgende

$$-\beta^2 + (2 - \lambda) \cdot \frac{1}{2\varkappa} \sqrt{\frac{\pi}{\varkappa}} = \sqrt{2\pi} \cdot y^{3/2} \frac{(1-\nu)\sqrt{\pi}}{\varkappa^{3/2}} = \sqrt{\pi} \cdot y^{3/2} \cdot 2^{1/2}$$

$$\frac{\varkappa^{3/2}}{1-\nu} = \frac{1}{2^{1/2} \cdot y^{3/2}}, \qquad \varkappa^{3/2} = \frac{1-\nu}{2^{1/2} \cdot y^{3/2}}, \qquad \varkappa = \frac{(1-\nu)^{2/3}}{2^{1/3} \cdot y} = \frac{1}{2^{1/3+\gamma} \cdot y}.$$

Als Ergebnis der Betrachtung kann man ein Gesetz annehmen, das die Wahrscheinlichkeit w_v in der folgenden Form darstellt:

$$w_v = \frac{1}{\sqrt{2\pi y}} \cdot c^{-\varkappa u^2}, \qquad \text{wo} \qquad \varkappa = \frac{1}{2^\lambda \cdot y}$$

und λ zwischen $^1/_3$ und 1 liegt.

Dieses Ergebnis verwenden wir jetzt zur Bestimmung des wahrscheinlichen Wertes der Schwankung

$$\overline{D} = \sum_{d=0}^{d=\infty} (v - y) \cdot w_v = \sum_0^\infty d \cdot w_v,$$

wo alle Werte $v > y$ in Betracht gezogen werden.

Die Summe wird approximiert durch das Integral

$$J^{(1)} = \int_0^\infty u \cdot w_{y+u}\, du = \frac{1}{\sqrt{2\,\pi y}} \int_0^\infty u\, e^{-\varkappa u^2}\, du$$

$$= \frac{1}{2\,\varkappa} \cdot \frac{1}{\sqrt{2\,\pi y}} = \frac{y}{2^{1-\lambda} \cdot \sqrt{2\,\pi y}} = \frac{\sqrt{y}}{2^{1-\lambda} \cdot \sqrt{2\,\pi}}\,.$$

Man kann für die mathematische Erwartung der Schwankungen $v - y$ für $v > y$ mit hinreichender Genauigkeit setzen

$$\bar{D} = \alpha\sqrt{y}, \qquad \text{wo} \qquad \alpha = \frac{1}{2^{1-\lambda} \cdot \sqrt{2\,\pi}} \qquad \text{ist.}$$

Beim Übergang zur Relativschwankung erkennt man, daß die das Kollektiv definierende Größe wird

$$\sigma^* = \frac{\overline{v - y}}{y} = \frac{\bar{\alpha}}{\sqrt{y}}\,.$$

Ergänzung zur Bestimmung der mathematischen Erwartung $\bar{D}$ der Schwankung $d = v - y$ für $v > y$.

Der Vergleich zwischen der mathematischen Erwartung

$$M^2 = \sum_{v=0}^{v=\infty} (v - y)^2 \cdot w_v = y$$

mit dem Integralansatz

$$J^{(2)} = \int_{-y}^\infty \frac{1}{\sqrt{2\,\pi y}} \cdot u^2 \cdot e^{-\varkappa u^2}\, du \sim M^2$$

hat den Koeffizienten k im Exponenten der Exponentialfunktion in der Form

$$k = \frac{1}{2^\lambda \cdot y}$$

festgesetzt, wo λ für $y > 8$ den Wert $\frac{1}{3}$ hat und für kleinere y gilt $\lambda = \frac{1}{3} + \alpha^2$, wo $\frac{1}{2} > \alpha^2 > 0$ gilt.

Mit diesem im Mittel richtigen Wahrscheinlichkeitsansatz haben wir die mathematische Erwartung

$$\bar{D} = \sum_{d=0}^{d=\infty} d\, w_{y+d}$$

bestimmt, die angenähert aus dem Integral

$$J^{(1)} = \frac{1}{\sqrt{2\pi y}} \int\limits_0^\infty u\, e^{-\varkappa u^2}\, du$$

gewonnen wird.

Es wird

$$J^{(1)} = \frac{1}{2^{1-\lambda}\sqrt{2\pi}} \cdot \sqrt{y},$$

also

$$\overline{D} = \sum_0^\infty d\, w_{y+d} \sim \frac{1}{2^{1-\lambda}\sqrt{2\pi}} \sqrt{y}.$$

Weiter soll $\overline{D}$ durch Reihensummierung bestimmt werden.

Es kommt

$$\overline{D} = w_y \left\{ \frac{y}{y+1} + \frac{2y^2}{(y+1)(y+2)} + \frac{3y^3}{(y+1)(y+2)(y+3)} + \cdots \right\}$$

$$\overline{D} = w_y \cdot \frac{y}{y+1} \left\{ 1 + \frac{2y}{y+2} + \frac{3y^2}{(y+2)(y+3)} + \cdots \right\}.$$

Es muß dann eine Größe $\varrho = \dfrac{y}{y+l} < 1$ geben der Beschaffenheit, daß

$$\overline{D} = w_y \cdot \frac{y}{y+1} \left\{ 1 + 2\varrho + 3\varrho^2 + \cdots + n\varrho^{n-1} \right\}$$

$$= \frac{y}{\sqrt{2\pi y}} \cdot \frac{y}{y+1} \cdot \frac{1}{(1-\varrho)^2} = \frac{1}{\sqrt{2\pi y}} \cdot \frac{y}{y+1} \cdot \left(\frac{y+l}{l} \right)^2.$$

Ich setze $\overline{D} = J^{(1)}$, und bestimme aus dieser Annahme den Wert von l. Dann kommt

$$\frac{1}{\sqrt{2\pi y}} \cdot \frac{y}{y+1} \left(\frac{y}{l} + 1 \right)^2 = J^{(1)} = \frac{1}{2^{1-\lambda} \cdot \sqrt{2\pi}} \cdot \sqrt{y},$$

$$\left(\frac{y}{l} + 1 \right)^2 = \frac{y+1}{2^{1-\lambda}}$$

$$\frac{l}{y} = \frac{1}{\dfrac{\sqrt{y+1}}{2^{\frac{1-\lambda}{2}}} - 1} \sim \frac{2^{\frac{1-\lambda}{2}}(1+\delta^2)}{\sqrt{y+1}}$$

$$l \sim 2^{\frac{1-\lambda}{2}} \cdot \sqrt{y} \cdot (1+\varepsilon^2) = \sqrt{y}(1+\varphi^2).$$

Andererseits kann man l bestimmen durch die Überlegung, daß

$y + l$ in der Umgebung desjenigen Wertes u^* liegen muß, der den maximalen Beitrag $g_M = u^* \cdot e^{-\varkappa u^{*2}}$ zum Wert $\overline{D}$ liefert.

Dieser folgt aus der Forderung

$$\frac{d}{du}\left(u\,e^{-\varkappa u^2}\right) = 0$$

$$= e^{-\varkappa u^2} - 2\,\varkappa u^2\,e^{-\varkappa u^2} = 0$$

$$2\,\varkappa u^2 - 1 = 0\,, \quad u = \sqrt{\frac{1}{2\,\varkappa}}\,.$$

Es wird

$$\varkappa = \frac{1}{2^\lambda \cdot y}\,, \qquad 2\,\varkappa = \frac{2^{1-\lambda}}{y}$$

$$\sqrt{\frac{1}{2\,\varkappa}} = \frac{\sqrt{y}}{2^{\frac{1-\lambda}{2}}} \sim \overline{\overline{D}} \sim \sqrt{y}\,(1 - \psi^2)$$

also in guter Übereinstimmung mit unserem Ergebnis

$$l = \sqrt{y}\,(1 + \varphi^2),$$

da φ und ψ klein gegen 1 sind.

Zweifache Bestimmung der Wahrscheinlichkeit der mittleren Belegungszahl und daraus folgende Summierung einer unendlichen Reihe.

Es werden zwei Systeme mit großer mittlerer Belegung $(y > 50)$ zusammengesetzt.

Dann ist

$$w_y = \frac{1}{\sqrt{2\,\pi y}}\,.$$

Die Belegung $2y$ tritt sicher immer dann im zusammengesetzten System auf, wenn eine Anzahl v_1 in S_1 zusammentrifft mit einer Anzahl v_2 in S_2 derart, daß

$$v_1 + v_2 = 2\,y$$

oder

$$v_1 = y + \varkappa\,, \qquad v_2 = y - \varkappa\,,$$

oder auch

$$v_1 = y - \varkappa\,, \qquad v_2 = y + \varkappa\,,$$

wo $\varkappa$ alle Werte von 0 bis y annehmen soll.

Aus dem Ansatz für die Zusammensetzung der beiden Gruppen folgt dann

$$w_{2y} = 2 \sum_{\varkappa=0}^{y} w_{-\varkappa} \cdot w_{+\varkappa} = 2 \sum_{\varkappa=0}^{\varkappa=y} \frac{e^{-y} \cdot y^{y-\varkappa} \cdot e^{-y} \cdot y^{y+\varkappa}}{(y-\varkappa)! \; (y+\varkappa)!} \cdot$$

Es ist

$$(y-\varkappa)! \; (y+\varkappa)! = (y!)^2 \cdot \frac{y+1}{y-(\varkappa-1)} \cdot \frac{y+2}{y-(\varkappa-2)} \cdots \frac{y+\varkappa}{y-1},$$

also kommt

$$w_{2y} = 2 \left(\frac{e^{-y} \cdot y^y}{y!}\right)^2 \left\{ \frac{y}{y+1} + \frac{y}{y+1} \cdot \frac{y-1}{y+2} + \frac{y}{y+1} \cdot \frac{y-1}{y+2} \cdot \frac{y-2}{y+3} + \cdots \right\}.$$

Ist $u = \dfrac{y}{y+h}$ ein geeigneter Mittelwert, so gilt:

$$w_{2y} = 2 (w_y)^2 \{u + u^2 + u^3 + \cdots\},$$

da $u < 1$, so kommt

$$w_{2y} = 2 w_y^2 \frac{u}{1-u} \cdot$$

Andererseits kommt für w_{2y} in dem großen System der Wert

$$w_{2y} = \frac{e^{-2y} \cdot (2y)^{2y}}{(2y)!},$$

wodurch der Mittelwert u bestimmbar und die Reihensummierung genau durchführbar wird.

Unter Anwendung der Formel von Stirling folgt daraus

$$\frac{u}{1-u} = \tfrac{1}{2} \sqrt{\pi y}, \qquad \frac{u}{1} = \frac{\tfrac{1}{2}\sqrt{\pi y}}{\tfrac{1}{2}\sqrt{\pi y}+1}$$

$$u = \frac{y}{y+h} = \frac{\sqrt{y}}{\sqrt{y}+\dfrac{2}{\sqrt{\pi}}} = \frac{y}{y+\dfrac{2}{\sqrt{\pi}} \cdot \sqrt{y}},$$

also ist die Zuschlagsgröße

$$h = \frac{2}{\sqrt{\pi}} \sqrt{y}$$

ein Ergebnis, das unsere früher näherungsweise durchgeführten ähnlichen Summierungen[1]) bestätigt.

---

[1]) Vgl. Bestimmung des Verlustquotienten, Berechnung der mathematischen Erwartung der Schwankung u. a.

E. Verbindung und Trennung von Gruppen.

Im vorigen Abschnitt wiesen wir darauf hin, daß für die Lösung wichtiger Fragen es darauf ankommt, Trennung und Verbindung von Systemen zahlenmäßig zu erfassen.

Dort sind einige formal-mathematische Vorarbeiten zu den hier durchzuführenden Überlegungen gemacht.

Es kommt bei all diesen Fragen auf die Beurteilung der Dispersionsverhältnisse an, wie diese sich bei den Systemumbildungen gestalten. Dabei kann zur Festlegung der Ideen eine Darstellung zur Anwendung kommen, die bei der Zusammensetzung von Gruppen sich eines formalen Ansatzes bedient, der als eine Verallgemeinerung des Ansatzes von Bernoulli für die zusammengesetzten Wahrscheinlichkeiten bei wiederholten Versuchen angesehen werden kann.

Es liege eine Reihe von beobachteten Werten vor

$$v_1, v_2, \ldots, v_n.$$

Diese Reihe wird nach der Größe der Schwankung gegen den mittleren Wert (mathematische Erwartung) y angeordnet. Die Werteverteilung des Kollektivs $\Re\,(v_1, v_2, \ldots, v_n)$ sei durch die Poissonsche Verteilungsfunktion bestimmt, es gelte also für die Wahrscheinlichkeit des Auftretens einer Anzahl v:

$$w_v = \frac{e^{-y} \cdot y^v}{v!}.$$

Bei übernormaler Dispersion treten Werte v in einer relativen Häufigkeit auf, die über den aus der Poissonverteilung fließenden Wert w_v hinausgeht. Dadurch kommt bei der Berechnung der mittleren quadratischen Abweichung ein Wert

$$M' = \sqrt{\frac{1}{n-1} \sum (v_k - \bar{v})^2} > M, \quad \left(\bar{v} = \frac{v_1 + v_2 + \cdots + v_n}{n}\right),$$

wo M die aus der Poissonverteilung folgende mathematische Erwartung

$$M = \sqrt{\sum_0^\infty (v - y)^2 \cdot w_v}$$

ist.

Das Ziel einer vollständigen Dispersionstheorie ist das folgende:

1. Liegen mehrere Systeme $S_1\,(y_1), S_2\,(y_2), \ldots, S_n\,(y_n)$ vor mit den Dispersionsgrößen $a_1, a_2, \ldots, a_n$, so hat das resultierende System die mittlere Belegung $y = y_1 + y_2 + \cdots + y_n$, und es soll die Dispersionsgröße a des Systems hinreichend genau bestimmt werden.

Dabei sind die a_k gegeben durch die Zahlengleichungen

$$M_1' = \sqrt{y_1 + a_1}, \quad M_2' = \sqrt{y_2 + a_2}, \ldots, \quad M_n' = \sqrt{y_n + a_n},$$

also

$$a_1 = M_1'^2 - M_1^2, \quad a_2 = M_2'^2 - M_2^2, \quad \ldots, \quad a_n = M_n'^2 - M_n^2.$$

Genau bestimmen läßt sich a im allgemeinen nur durch die zahlenmäßige Durcharbeitung von Versuchsergebnissen, doch lassen sich qualitativ allgemeine Gesichtspunkte angeben, was man bei der Zusammensetzung von Gruppen in bezug auf die Gestaltung der Dispersionsgröße a zu erwarten hat.

2. Es sollen allgemeine Sätze darüber aufgestellt werden, ob und unter welchen Bedingungen es gelingt, die Dispersionsgröße a so klein zu machen, daß das Endsystem S kaum von einem solchen mit normaler Dispersion unterschieden ist. Dann bleiben alle aus der Poissonschen Verteilungsfunktion fließenden Tatsachen zu Recht bestehen, und es können alle Rechnungen auf Grund der Poisson-Funktion durchgeführt werden.

3. Die günstigste (stabile)[1]) Verteilung der Werte eines Kollektivgegenstandes ist die nach dem Gesetz von Poisson, d. h. ein System von Verbindungswegen kann das Maximum an mittlerer Belegung (unter Erfüllung der grundlegenden Verlustbedingung) aufnehmen, wenn die v-Werte nach Poisson verteilt sind.

Will man bei der Trennung und Verknüpfung von Gruppen die optimale Wirkung erreichen, so sind alle Maßnahmen so zu treffen, daß die Dispersion möglichst der Poissonverteilung entspricht.

Qualitative Angaben über das Verhalten der Dispersionsgrößen bei der Trennung und Zusammensetzung von Systemen.

1. Es werden zusammengesetzt n Gruppen $G_1(y_1)$, $G_2(y_2)$, $\ldots$, $G_n(y_n)$ mit den ungefähr gleichen Dispersionsgrößen $a_1, a_2, \ldots, a_n$. Dann wird in der Formel für die mittlere quadratische Abweichung

$$M^{(2)} = \sqrt{\frac{1}{m-1} \sum_1^m (v_k - \bar{v})^2} = \sqrt{y + a},$$

wo

$$\bar{v} = \frac{v_1 + v_2 + \cdots + v_n}{n}$$

das arithmetische Mittel der vorkommenden Anzahlwerte v_k ist, die resultierende Dispersionsgröße a gegen $y = y_1 + y_2 + \cdots + y_n$ so klein sein, daß sich das zusammengesetzte System $G(y)$ kaum noch von einem solchen mit normaler Dispersion unterscheidet.

---

[1]) Vgl. Schluß von Abschnitt V.

2. Sonderfall des vorigen: Geht man durch Zusammensetzung von einem System $S(y)$ mit der Dispersionsgröße a über auf $S(n \cdot y)$, so bleibt die Dispersionsgröße a ungeändert, und der relative Dispersionswert $\dfrac{a}{y}$ wird auf den n-ten Teil, auf $\dfrac{a}{n \cdot y}$ herabgedrückt.

3. Werden zwei Gruppen mit übernormaler Dispersion vereinigt, so ist die Reduktion der Dispersionsgröße a um so stärker, je verschiedener die mittleren Belegungen y_1 und y_2 in den beiden zusammensetzenden Systemen sind.

Der Satz läßt sich auf beliebig viele Systeme verallgemeinern.

Von Wichtigkeit ist der Satz 3, für den im folgenden eine einfache Ableitung gegeben wird.

Zusammensetzung zweier Systeme mit stark übernormaler Dispersion. Zur mittleren Belegung y_1 in S_1 gehöre die Schwankung s_1, zu y_2 in S_2 gehöre entsprechend die Schwankung s_2. Die relativen Schwankungen sind dann

$$1. \quad \text{in } S_1: \quad \lambda_1 = \frac{s_1}{y_1},$$

$$2. \quad \text{in } S_2: \quad \lambda_2 = \frac{s_2}{y_2}.$$

Man kann die auftretenden Schwankungen als Funktionen der Zeit ansehen und gewinnt dann brauchbare Mittelwerte von λ aus dem Zeitintegral:

$$\bar{\lambda}_1 = \int_{t_0}^{t_1} \frac{s(t)}{y_1}\, dt, \qquad \bar{\lambda}_2 = \int_{t_0}^{t_1} \frac{s(t)}{y_2}\, dt.$$

Für diese Mittelwerte der relativen Schwankung wird man allgemein annehmen können $\bar{\lambda}_1 < \bar{\lambda}_2$, sobald $y_1 > y_2$, eine Ungleichung, die völlig im Einklang mit den Erfahrungstatsachen steht. Dies legen wir in folgender Form fest:

Im allgemeinen, d. h. in der Überzahl aller Fälle wird $\lambda_1 < \lambda_2$ sein, also gelten $\overline{\lambda_1 - \lambda_2} < 0$.

Die relative Schwankung im zusammengesetzten System: Es wird

$$\lambda = \frac{s_1 + s_2}{y_1 + y_2} = \frac{\lambda_1 y_1 + \lambda_2 y_2}{y_1 + y_2}.$$

a) Sonderfall $y_1 = y_2$, dann kommt:

$$\lambda^* = \frac{\lambda_1 + \lambda_2}{2}.$$

Sind also die komponierenden Systeme S_1 und S_2 von gleicher Belegungstärke, so wird die relative Schwankung λ im System $S = S_1 + S_2$ gleich dem arithmetischen Mittel der relativen Schwankungen in den Teilsystemen S_1 und S_2.

b) **Allgemeiner Fall.** Ich setze dann

$$y_1 = \bar{y} + d, \qquad y_2 = \bar{y} - d,$$

wo $\bar{y} = \dfrac{y_1 + y_2}{2}$ gleich dem arithmetischen Mittel der beiden Teilbelegungen y_1 und y_2 ist. Dann kommt für

$$\lambda = \frac{\lambda_1 (\bar{y} + d) + \lambda_2 (\bar{y} - d)}{2 \bar{y}} = \frac{\lambda_1 + \lambda_2}{2} + \frac{d}{2 \bar{y}} (\lambda_1 - \lambda_2).$$

Da $\overline{\lambda_1 - \lambda_2} < 0$ wird, so setze ich dafür den Wert $- k^2$, dann kommt schließlich:

$$\lambda = \frac{\lambda_1 + \lambda_2}{2} - k^2 \frac{d}{2 \bar{y}}.$$

Das gibt den Satz:

„Je ungleicher die beiden Belegungen y_1 und y_2 sind, d. h. je größer $\dfrac{d}{2 \bar{y}}$ ist, um so kleiner wird die relative Schwankung im zusammengesetzten System, d. h. um so günstiger entwickeln sich die Dispersionsverhältnisse im zusammengesetzten System.

Macht man die Annahme, daß die absoluten Schwankungen in den Teilsystemen einander gleich sind, was bei stark übernormaler Dispersion, für deren Schwankungen der Parameter y nur wenig maßgebend ist, als nahe erfüllt angenommen werden kann, so kommt

$$s_1 = s_2 = s,$$

$$\frac{\lambda_1}{\lambda_2} = \frac{y_2}{y_1}, \qquad \lambda_1 = \mu y_2, \qquad \lambda_2 = \mu y_1,$$

wo μ ein Proportionalitätsfaktor ist. Schließlich wird

$$\lambda = \frac{\lambda_1 y_1 + \lambda_2 y_2}{y_1 + y_2} = \mu \cdot \frac{2 y_1 y_2}{y_1 + y_2} = \mu \cdot y_m.$$

Dann wird die resultierende Relativschwankung λ proportional dem harmonischen Mittel der Teilbelegungen.

Weiteren Aufschluß über das Verhalten der Dispersionsgrößen bei der Umbildung von Gruppen gewinnen wir durch Heranziehung der Tatsachen, die wir bei der Untersuchung des Einflusses der anormal langen Gespräche gewonnen haben.

Wollen wir den Satz beweisen, daß bei der Zusammensetzung einer größeren Anzahl n von Systemen das Endsystem verschwindende Dispersion zeigt, so kommen wir auf einen Widerspruch, dessen Verfolgung uns zur Hauptaufgabe dieses Paragraphen, zur Bestimmung der Zuschlagswerte der kleinen Gruppen bei der Vereinigung zu einer großen Gruppe hinleitet. Wir machen die berechtigte Annahme, daß die übernormale Dispersion der Gruppen durch das Auftreten langer Gespräche bedingt ist.

Die n Einzelgruppen, von denen wir nur ungefähr gleiche Größe voraussetzen, mögen die mittleren Belegungen $y_1, y_2, \ldots, y_n$ haben.

In diesen Teilgruppen mögen als Bruchteile der Einheit, d. h. der Beobachtungsstunde gerechnet, die Zeitteile $\alpha_1, \alpha_2, \ldots, \alpha_n$ durch lange Gespräche belastet sein. Solche Abweichungen vom Gesprächsverteilungsgesetz setzen nach dem früheren die Leistung des Systems in folgender Weise herab. Soll die grundlegende Forderung des Verlustquotienten $\lambda = \frac{1}{1000}$ erfüllt bleiben, so muß die mittlere Belegung von y herabgesetzt werden auf $y - \varDelta y$, wo $\varDelta y = \alpha (\zeta + 0{,}16)$ ist.

Wir haben früher nachgewiesen, daß die an der mittleren Belegung anzubringende negative Korrektion $\varDelta Y$ bei dem aus n Teilsystemen zusammengesetzten System sich in folgender Weise bestimmt.

Die n Teilsysteme $S_1(y_1), S_2(y_2), \ldots, S_n(y_n)$ mögen Störungen durch anormal lange Gespräche haben, deren Zeitbeträge in Bruchteilen einer Beobachtungsstunde sind $\alpha_1, \alpha_2, \ldots, \alpha_n$, die mittlere Belegung von $S = \varSigma Si = S_1 + S_2 + \cdots + S_n$ sei $Y = y_1 + y_2 + \cdots + y_n$, die spezifische Belegung von S sei $Z = \dfrac{Y}{V}$, dann wird die fragliche Korrektion

$$\varDelta Y = (\alpha_1 + \alpha_2 + \cdots + \alpha_n)(Z + 0{,}16) > \sum_{k=1}^{k=n} \alpha_k (\zeta + 0{,}16) > \sum_{1}^{n} \varDelta Y_k .$$

Bei unserer Untersuchung des Einflusses langer Gespräche sind wir zu dem Schluß gekommen, daß die Dispersionsgröße a durch eine Beziehung gegeben sein muß:

$$a = f \cdot \alpha (\zeta + 0{,}16),$$

wo f ein unbestimmter Faktor ist.

Sofern wir in dem Auftreten anormal langer Gespräche die Quelle der Erscheinung übernormaler Dispersion zu sehen haben, verschwindet die Dispersionsgröße A im großen System nicht. Es fragt sich, wie der Widerspruch mit den aus Messungen stammenden Ergebnissen zu beheben ist. Das führt zu der abschließenden Untersuchung dieser Schrift, der wir die Überschrift geben:

F. Berechnung des Gruppenzuschlags, der bei Teilsystemen angebracht werden darf, sobald sie zu einem größeren System vereinigt werden.

Ein System mit $C = 1000$ soll zusammengesetzt werden aus 10 Teilsystemen, deren jedes rd. $c = 100$ hat.

Die Erfahrung hat gezeigt, daß es bei Erfüllung der bekannten Bedingungen für die Zuverlässigkeit der Leistung gestattet ist, an den Teilgruppen Belegungszuschläge anzubringen, also c auf $\overline{c} = c\,(1 + \vartheta)$ zu erhöhen, während das resultierende System im Mittel $C = 10\,c$ und nicht $\overline{C} = 10\,c\,(1 + \vartheta)$ Belegungen aufweist.

Diese Erscheinung liegt darin begründet, daß die weit vom Mittelwert abliegenden extremen Werte durch die Zusammensetzung zu Werten verknüpft werden, deren relative Schwankungen (Dilatation) gegen den Mittelwert sehr viel kleiner geworden sind.

Die einander zugeordneten Relativschwankungen σ_g im großen System und σ_k im kleinen System finde ich aus der Bedingung gleicher Wahrscheinlichkeit ihres Vorkommens in beiden Fällen.

Das führt nach den Entwicklungen über die mathematische Erwartung der Relativschwankungen Abschnitte C, D, E auf die Beziehung

$$\frac{\sigma_g}{\sigma_k} = \sqrt{\frac{c}{C}}\,.$$

Wir ziehen zur Lösung dieser Frage hier einen etwas anderen Gedankengang heran.

Die zu lösende Aufgabe fordert die Entwicklung der Fähigkeit, mit Systemen ähnlich leicht wie mit einzelnen Zahlenwerten zu rechnen. Es kommt nach dem früher Bemerkten darauf an, ein Kollektiv durch eine typische Eigenschaft numerisch festzulegen. Kennzeichnend für das Kollektiv ist die mathematische Erwartung der mittleren quadratischen Abweichung von dem wahrscheinlichen Wert y:

$$E(M) = \sqrt{\sum_{v=1}^{v=\infty} (v - y)^2 \cdot w_v} = \sqrt{\overline{y}}\,.$$

Wir schreiben statt c im folgenden $y = c\,t$, beziehen also die Vorgänge auf die normale Gesprächslänge als Einheit.

Als typische Größe des Systems führe ich $\sigma_m = \dfrac{1}{\sqrt{y}}$, also die mathematische Erwartung der mittleren relativen quadratischen Abweichung ein, d. h.

$$\sigma_m = \frac{1}{\sqrt{y}}\,.$$

Setze ich aus n gleichen Systemen $s_1, s_2, \ldots, s_n$ ein System S zusammen, so ist die mathematische Erwartung der relativen Schwankung im großen System

$$\sum_m = \frac{1}{\sqrt{ny}} = \frac{\sigma_m}{\sqrt{n}}.$$

Irgendeine Relativschwankung σ in s_k wird nach Vollendung des Umbildungsprozesses übergegangen sein in eine Relativschwankung $\sum = \frac{\sigma}{a}$, wo $a > 1$ ist. Der zur Dilatation σ gehörige v-Wert wird sein $v = y(1 + \sigma)$, während der zu $\sum = \frac{\sigma}{a}$ gehörige V-Wert im großen System wird:

$$V = Y(1 + \sum) = Y\left(1 + \frac{\sigma}{a}\right).$$

Der Divisor a ist als ein geeigneter Mittelwert zu bestimmen. Gingen die n Systeme momentan in das System S über, so wäre nach den obigen Ausführungen $a = \sqrt{n}$.

Der Zuschlagsfaktor $1 + \vartheta$ ist ein Mittelwert aus allen möglichen Quotienten $q = \dfrac{1 + \sigma}{1 + \dfrac{\sigma}{a}}$, also ist zu beachten, daß bei der

stetigen zeitlichen Folge von momentanen Umbildungen a die Werte 1 bis $\sqrt{n}$ durchläuft, so daß als mittlerer Wert das geometrische Mittel

$$a = \sqrt{1 \cdot \sqrt{n}} = \sqrt[4]{n}$$

geeignet erscheint.

Diese Maßnahme stellt eine erste Mittelwertbildung dar. Eine zweite kommt dadurch zustande, daß alle bei der Kollektivzusammensetzung in Frage kommenden Werte σ in Betracht zu ziehen sind. Das führt zur Integraldarstellung mit der Integrationsveränderlichen σ. Als Grenzen der Integration wähle ich zwei charakteristische σ-Werte aus dem Endsystem (kleiner σ-Wert) und dem Anfangssystem (großer σ-Wert). Ich wähle als charakteristisch die beiden relativen Grenzschwankungen, durch die die Systeme gut gekennzeichnet werden:

$$1. \quad \sigma_\alpha = \frac{V - Y}{Y} = \frac{1}{Z} - 1,$$

$$2. \quad \sigma_\beta = \frac{v - y}{y} = \frac{1}{\zeta} - 1,$$

wo V und v die den mittleren Belegungen Y und y zugeordnete Anzahl von Verbindungswegen sind.

Der zum Integralansatz führende Grundgedanke ist der folgende:

Die mittlere Dilatation $\overline{1+\sigma}$ ist im großen System, in das die Teilsysteme übergehen, nur noch

$$\overline{1+\Sigma} = 1 + \overline{\frac{\sigma}{a}}\,,$$

also kann die mittlere Belegung y in den kleinen Systemen mit einem geeigneten mittleren Faktor

$$\overline{\lambda} = \int \frac{1+\sigma}{1+\dfrac{\sigma}{a}}$$

muitipliziert werden, ohne daß der das Kollektiv begrenzende Wert $V = Y(1+\Sigma)$ überschritten wird. Es ist $\lambda = 1 + \vartheta$, und wir bestimmen es durch das aus zweifacher Mittelwertbildung gewonnene Integral

$$\overline{\lambda} = 1 + \vartheta = \int\limits_{\sigma_\alpha}^{\sigma_\beta} \frac{1+\sigma}{1+\dfrac{\sigma}{a}}\,d\sigma\,.$$

Für die obere Grenze σ_β hat man nicht den Wert der Grenzschwankung σ_g^* im kleinen System zu nehmen: $\sigma_g^* = \dfrac{v-y}{y}$, sondern einen kleineren Wert, da ja von allem Anfang an nicht mit c, sondern mit $c(1+\vartheta)$ Belegungen je Stunde im kleinen System zu rechnen ist. Man kann als obere Grenze etwa nehmen $\sigma_\beta = \sigma_g^*(1-\mu)$, wo man $\mu = \dfrac{\vartheta}{2}$ annehmen wird. Die Ausführung der Integration ergibt dann

$$1 + \vartheta = \frac{1}{\sigma_\beta - \sigma_\alpha} \int\limits_{\sigma_\alpha}^{\sigma_\beta} \frac{1+\sigma}{1+\dfrac{\sigma}{a}}\,d\sigma = \frac{1}{\sigma_\beta - \sigma_\alpha} \int\limits_{\sigma_\alpha}^{\sigma_\beta} \left(a + \frac{1-a}{1+\dfrac{\sigma}{a}}\right)d\sigma\,,$$

$$1 + \vartheta = a - \frac{a(a-1)}{\sigma_\beta - \sigma_\alpha}\, \lg \frac{1+\dfrac{\sigma_\beta}{a}}{1+\dfrac{\sigma_\alpha}{a}}\,,$$

wo der natürliche Logarithmus zu nehmen ist.

Beispiel:

$$c_1 = c_2 = \cdots = c_{10} = 100\,, \quad C = 10\,c = 1000\,,$$

$$\sigma_\beta = \sigma_g - (1 - 0{,}2) = 1{,}60\,, \quad \sigma_\alpha = 0{,}60\,,$$

$$y_1 = y_2 = \cdots = y_{12} = 2{,}5\,,$$

$$\underline{1 + \vartheta = 1{,}296}\,, \quad Y = 25\,,$$

d. h. es ist ein Zuschlag von $29{,}6\,^0/_0$ mit der Formel gefunden. Die Mesung hat ergeben

$$1 + \vartheta = 1{,}28\,, \quad \vartheta = 0{,}28\,.$$

Die Übereinstimmung zwischen Messung und Rechnung ist recht gut. Die Vergleichung von Messung und Rechnung wird allgemein an anderer Stelle durchgeführt.

Etwas näher müssen wir uns noch mit der Bestimmung des Parameters a befassen.

Unsere erste Überlegung führte zur Einführung des Parameters

$$a = \sqrt[4]{n}\,,$$

wo $n = \dfrac{C}{c} = \dfrac{Y}{y}$ und Y und y die mittleren Belegungen im großen System bzw. im kleinen Ausgangssystem sind. Den Gedanken der stetigen Umbildung der Teilsysteme in das Endsystem wollen wir uns später noch etwas anschaulich machen. Dabei wird auch die Wahl des geometrischen Mittels bei der Bestimmung von a augenscheinlich.

Man erkennt ohne weiteres, daß die Umbildung der Systeme ineinander wesentlich von den im Mittel freien Teilen der Systeme, also von $V - Y = V(1 - Z)$ und von $v - y = v(1 - \zeta)$ abhängen muß. Da y von v Verbindungswegen im Mittel belegt sind, so gibt $v - y$ die mathematische Erwartung der Anzahl freier Leitungen an. Hierbei ist zu beachten, daß für festes n der Parameter a und damit der Gruppenzuschlag ϑ um so kleiner werden muß, je größer v und V und je näher ζ und Z an 1 liegen.

Man kann einen Ansatz versuchen:

$$a = \sqrt[4]{n\,\frac{1 - Z}{1 - \zeta}}\,.$$

Geht man von n Teilsystemen aus, die selbst schon großes v, also $\zeta = 1 - \varepsilon$ nahe an 1 haben, so ergäbe sich ein großer Wert von a, wenn n hinreichend groß ist, was mit der Tatsache im Widerspruch steht, daß in diesem Fall der Gruppenzuschlag ϑ sehr klein und entsprechend a nahe an 1 liegen muß.

Soll ein Ansatz

$$a = \sqrt[4]{n \cdot \varphi(1 - \zeta,\, 1 - Z)}$$

die Erscheinung richtig darstellen, so muß $\varphi(1-\zeta, 1-Z)$ eine solche symmetrische Funktion von $1-\zeta$ und $1-Z$ sein, die für große Systeme, also für $\zeta \sim 1$ und $Z \sim 1$, kleine Werte annimmt, derart, daß das Produkt $n \cdot \varphi(1-\zeta, 1-Z)$ dem Wert 1 zustrebt.

Ich setze

$$\varphi(1-\zeta, 1-Z) = 1 - \bar{\zeta},$$

wo

$$\frac{1}{\bar{\zeta}} = \frac{1}{2}\left(\frac{1}{\zeta} + \frac{1}{Z}\right),$$

also $\bar{\zeta} = \dfrac{2\,\zeta\,Z}{\zeta + Z}$ das harmonische Mittel von ζ und Z ist. Zur Veranschaulichung der Bestimmung des Parameters a ziehen wir die Anschauung heran und zeichnen die Kurve der $\bar{\sigma}$ (Abb. 15)

$$\bar{\sigma} = \frac{1}{\sqrt{\bar{y}}}.$$

Man kann die $\bar{\sigma}$-Kurve ansehen als Zustandskurve für den Übergang der Teilsysteme mit der mittleren Belegung y in das Endsystem $Y = n \cdot y$. Geht man auf dieser Kurve von links nach rechts, etwa von σ_a nach σ_b, so entspricht das einer Multiplikation des y mit einem Faktor $1 + \varrho$.

Will man in dem schraffierten Flächenstück einen mittleren Punkt σ_m finden, der den mittleren Schwankungszustand darstellt, so ist es zweckmäßig, den Punkt y_m der Beschaffenheit zu wählen, daß

Abb. 15. $\sigma = \dfrac{1}{\sqrt{y}}$.

$$\frac{y_a}{y_m} = \frac{1}{1+\varepsilon} = \frac{y_m}{y_b}, \quad \text{d. h.} \quad y_m^2 = y_a \cdot y_b.$$

Der Gedanke läßt sich sofort auf das Gesamtintervall übertragen: $y \to ny = Y$, und es wird der zu σ tretende Faktor

$$1 + \varrho = \sqrt{n},$$

also

$$1 + \varepsilon = \sqrt{1 \cdot \sqrt{n}} = \sqrt[4]{n}.$$

Noch übersichtlicher wird die Wahl des geometrischen Mittels, wenn wir für $1 + \varrho$ setzen e^{λ^2}, wo die Bewegung längs der $\bar{\sigma}$-Kurve einzig durch den Exponenten λ^2 beschrieben wird.

Geben v Leitungen die mittlere Belegung y, so sind $v - y$ Leitungen im Mittel frei, d. h. $\dfrac{v - y}{v} = 1 - \zeta$ gibt den spezifischen Wert unbelegter Leitungen. Es ist augenscheinlich, daß von diesem Quotienten die Umbildung des Schwankungszustandes in erster Linie abhängen wird. In den zum Anfangs- und Endsystem gehörigen Werten

$$1 - \zeta = \frac{v - y}{v} \quad \text{und} \quad 1 - Z = \frac{V - Y}{V}$$

nehme ich das harmonische Mittel von ζ und Z, d. h.

$$\bar{\zeta} = \frac{2\,\zeta\,Z}{\zeta + Z},$$

und setze schließlich für den Parameter a den Wert

$$a = \sqrt[4]{n\,(1 - \bar{\zeta})}. \tag{27}$$

Die auf dieser Grundlage durchgeführten Berechnungen des Gruppenzuschlages ϑ haben in allen Fällen eine sehr gute Übereinstimmung mit den Messungen ergeben, was an anderer Stelle im einzelnen ausgeführt wird.

Man muß annehmen, daß bei dem Umbildungsprozeß Systeme, insbesondere kleine Restsysteme auftreten, die stark übernormale Dispersion aufweisen. Es ist die Frage zu beantworten nach den Abänderungen, die der Zuschlagsquotient ϑ vom Normalwert in solchen Fällen erfährt.

Anormale Dispersion tritt dann auf, wenn das normale Verteilungsgesetz für die Glieder des Kollektivs teilweise gestört ist.

Bei unserer Integraldarstellung steckt das Verteilungsgesetz — in unserem Fall das Poissonsche — im Parameter a, von dem ϑ in empfindlicher Weise abhängt.

Für das kleine Ausgangssystem sei die mittlere Belegung y. Es habe sich an Stelle der der Poissonverteilung zukommenden mathematischen Erwartung $M = \sqrt{y}$ der quadratischen Abweichung ergeben der Wert

$$\bar{M} = \sqrt{\frac{1}{m - 1} \sum_{k=1}^{m} (v_k - \bar{v})^2} = \sqrt{y + a} = M \sqrt{1 + \frac{a}{y}} = M \cdot e^{a^2}.$$

Hier ist, wie früher schon erwähnt

$$\bar{v} = \frac{v_1 + v_2 + \cdots + v_m}{m}$$

das arithmetische Mittel der beim Versuch aufgetretenen Anzahlwerte v_k. Entsprechend möge sich für das Endsystem mit $Y = n \cdot y$ ergeben haben:

$$\overline{M} = \sqrt{Y + A} = \sqrt{Y} \cdot \sqrt{1 + \frac{A}{Y}} = M \cdot e^{\beta^2}.$$

Im allgemeinen wird sein:

$$\frac{A}{Y} < \frac{a}{y},$$

also auch

$$\beta^2 < \alpha^2.$$

Der normale Parameter

$$a = \sqrt[4]{n(1 - \bar{\zeta})}$$

wird dann

$$\bar{a} = \sqrt[4]{n \cdot e^{\beta^2 - \alpha^2}(1 - \bar{\zeta})} = a \cdot e^{\frac{\beta^2 - \alpha^2}{2}} < a.$$

Da $\dfrac{d\vartheta}{da} > 0$, so erkennt man, daß im Falle übernormaler Dispersion ϑ etwas kleiner wird als im Falle normaler Dispersion.

Tritt übernormale Dispersion auf, so verwandelt sich das System in ein solches mit größerer mittlerer Relativschwankung, was einem kleineren wirksamen Wert[1] y entspricht.

Es wird y zu $\bar{y} = y(1 - \varepsilon)$.

Beim großen System tritt eine Reduktion ein, deren relativer Wert im allgemeinen geringer sein wird. Es kommt

$$Y \rightarrow \overline{Y}, \quad \text{wo} \quad \overline{Y} = Y\left(1 - \frac{\varepsilon}{f}\right) \quad \text{und} \quad f > 1.$$

Man erkennt an der $\bar{\sigma}$-Kurve:

„Die anormalen Systeme liegen einander näher als die normalen Systeme, und das bewirkt einen geringeren Zuschlag ϑ.“

G. Berechnung der Staffelung.

Die Staffelung ist eine besondere Schaltart der Vielfachfelder. In der Abb. 7 ist ein 10teiliges Feld gezeigt, das z. B. von 100 Vorwählern abgesucht wird. Die Vorwähler suchen stets, von einer Ruhe-

---

Man denke an die negative Korrektion
$$\varDelta y = - \alpha\,(\zeta + 0{,}16)$$
bei anomal langen Gesprächen.

lage ablaufend, das Feld in der Reihenfolge 1, 2, 3 ... bis 10 ab. Die Vorwähler bleiben auf der ersten frei erfundenen Leitung stehen. Das erste Vielfach „1" wird daher am stärksten belastet. Für eine zugeführte Belastung von $y = 3,3$ Bel.-St. $= 198$ Minuten verarbeiten die einzelnen Vielfache folgende Anteile:

Vielfach-Nr.	Leistung in Minuten
1	49,09
2	45,30
3	37,81
4	24,92
5	18,14
6	10,41
7	5,29
8	2,40
9	0,97
10	0,03
	197,36

also je Leitung etwa 19,7 Minuten.

Man kann nun die 10 teiligen Felder besser ausnutzen. Man kann eine Staffelung über 5 Vielfache führen. Die Vielfache 1, 2, 3, 4, 5 sind in zwei Gruppen geteilt, die jeweils nur über 50 Wähler gevielfacht sind, während die übrigen Vielfache alle 100 Wähler umfassen. Es entspringen also 15 weitergehende Leitungen aus dem Felde. Unter Staffelung versteht man eine Anordnung eines Vielfachfeldes, in welchem einige der Vielfachleitungen nicht über alle Verkehrsquellen gevielfacht sind.

Das ganze in dieser Art gestaffelte Feld verarbeitet 323 Minuten bei einem Verlust von etwa $1^0/_{00}$. Die einzelnen Vielfache leisten:

Vielfach-Nr.	verarbeitet Minuten	zusammen
1 und 11	je 47,4	94,8
2 „ 12	„ 41,0	82,0
3 „ 13	„ 31,4	62,8
4 „ 14	„ 20,7	41,4
5 „ 15	„ 11,4	22,8
6		10,5
7		5,5
8		2,6
9		1,0
10		0,2
		323,6

also je Leitung etwa 21,6 Minuten.

Um die Leistungen verschiedener Staffelungen zu finden, kann man in Fernsprechanlagen verschiedenartige Anordnungen einbauen und messen. Dieses praktische Verfahren ist zeitraubend und teuer und in arbeitenden Ämtern macht man nur ungern Umschaltungen, weil das stets Betriebsstörungen verursacht.

Max Langer[1]) hat zahlreiche Messungen ausführen lassen und die Ergebnisse veröffentlicht und in einer Kurve zusammengefaßt. Siehe Abb. 10. Als Abszisse sind die Leitungszahlen aufgetragen und als Ordinate die mittlere Belegungsdauer einer Leitung während der Hauptverkehrsstunde.

Man kann z. B. in einem gestaffelten Vielfachfeld mit 32 abgehenden Leitungen jede Leitung mit 24 Minuten belasten, d. h. eine Staffel von 32 Leitungen verarbeitet $32 \cdot 24$ Minuten gleich 12,8 Stunden

Die Langerschen Messungen sind an 10teiligen Feldern ausgeführt. Für mehr als 10teilige Felder sind keine Zahlen bekannt geworden. Ferner fehlt ein Beweis, daß die gemessenen Felder die günstigsten Anordnungen besaßen. Daraus ergibt sich die Aufgabe, eine bequeme Berechnung zu schaffen.

Bisher sind zwei Vorschläge bekannt geworden.

R. Holm[2]) hat eine Rechnungsmethode angegeben. Er geht von folgender Anschauung aus: Nehmen wir an, daß bei Wählern mit v Kontakten die erst abgesuchten Vielfachen in 4 Gruppen mit je z Vielfachen geteilt sind und daß in Gruppe 1 $z + \xi_1$ Leitungen mit der Wahrscheinlichkeit $w_1 = w_{z+\xi_1}$, in Gruppe 2 $z + \xi_2$ Leitungen mit $w_2 = w_{z+\xi_2}$ usw. besetzt sind. Die Wahrscheinlichkeit, daß diese Zustände gleichzeitig bestehen, ist das Produkt der Wahrscheinlichkeiten:

$$w_1 \cdot w_2 \cdot w_3 \cdot w_4 \,.$$

Wenn kein Verlust eintritt, sind die ξ_n der Bedingung unterworfen, daß ihre Summe höchstens gleich $v - z$ ist. Verluste treten ein, wenn $\Sigma \xi > v - z$ ist. Ersetzt man die Wahrscheinlichkeiten durch die wirklichen Belegungszahlen, so sind die Verluste berechenbar.

Dr. M. Merker[3]) hat folgendes Verfahren angegeben: Staffel $2 \times 5 + 5$.

Die ganze Gruppe von s Teilnehmern ist teilweise in zwei Gruppen von je $s/2$ Teilnehmern eingeteilt. Im ganzen können gleichzeitig 15 Verbindungen bestehen. Es treten aber Verluste auf, wenn in einer Teilgruppe mehr als 10 Verbindungen gleichzeitig bestehen sollen, selbst wenn in der anderen Teilgruppe noch Ausgänge frei sind. Z. B. können die Vielfache 1 bis 10 besetzt und z. B. 13, 15 noch frei sein. Merker rechnet nun so: Verluste treten ein

1. in der Zeit, wenn überhaupt mehr als 15 Ausgänge angefordert werden; diese Verluste berechnen sich nach den früher angegebenen Gleichungen nach Bernoulli und Poisson;

---

[1]) Langer, Max: ETZ 3. März 1924.
[2]) Holm, R.: Post Office Electrical Engineers Journal, April 1922.
[3]) Merker, M.: ETZ 9. X. 1924.

2. in der Zeit, während gerade 15 Ausgänge angefordert werden, aber so, daß die eine Teilgruppe mehr als 10 Ausgänge anfordert, diese Zeit berechnet man aus der Summe folgender Zeiten:

Die Teilnehmer 1 bis 50 fordern an:	Teilnehmer 51 bis 100 fordern an:
15	0
14	1
13	2
12	3
11	4

Die einzelnen Summanden sind also zusammengesetzte Wahrscheinlichkeiten.

3. in den Zeiten, in welchen weniger als 15 Ausgänge angefordert werden, aber so, daß eine der Teilgruppen mehr als 10 fordert. Diese Zeiten berechnen sich aus einer Summe:

Anforderungen	Teilnehmer 1 bis 50 fordern	Teilnehmer 51 bis 100 fordern
14	14	0
	13	1
	12	2
	11	3
13	13	0
	12	1
	11	2

usw.

Merker gibt Gleichungen an, mit welchen man diese vielen Summenbildungen schematisch aufstellen kann. Die Auswertung ist sehr zeitraubend.

Die Verfahren von Holm und Merker reichen nicht aus, die Abb. 9 zeigt eine gebräuchliche Staffelung, in welcher die Gruppenteilung der Belastungsquellen sich mehrfach ändert, so daß die Summenbildung praktisch undurchführbar wird.

Das nachfolgende beschriebene Verfahren gestattet die Berechnung in allen Fällen, auch wenn die Staffelung sich von Vielfach zu Vielfach ändert.

Die Grundlagen sind folgende:

a) Die Kenntnis der Leistung jeder Leitung eines Vielfachfeldes, abhängig von der aufgedrückten Belastung und von der daraus sich ergebenden Verlustziffer.

b) Die Kenntnis der Änderungen der Verkehrsmengen bei der Zusammensetzung der Belastungen von Teilgruppen oder bei der Teilung der Belastung einer großen Gruppe in mehrere Teilgruppen.

Ein Beispiel: 10teilige Wähler; 100 Teilnehmer; Staffel: die 5 erst abgesuchten Vielfache umfassen je 50 Teilnehmer, bezeichnet mit 1 bis 5 und 11 bis 15; die 5 letzten Vielfache umfassen alle

100 Teilnehmer, bezeichnet 6 bis 10. Die Teilnehmer 1 bis 50 erzeugen in ihrer Hauptverkehrsstunde 2,75 Bel.-Stunden, ebenso die Teilnehmer 51 bis 100, deren HVSt. aber in einer anderen Tageszeit liegt. Auf die Vielfache 1 und 11 werden also je 2,75 Stunden gleich 165 Minuten aufgedrückt. Unter diesen Umständen verarbeiten die Vielfache folgende Anteile:

Vielfach-Nr.		verarbeitete Minuten
1 und 11	je	46,0
2 „ 12		41,0
3 „ 13		32,0
4 „ 14		22,5
5 „ 15		12,7
	zusammen je:	154,2 Minuten.

Aus den Vielfachen 5 und 15 fließen also noch ab $165 - 154,2 = 10,8$ Minuten. Es sei ausdrücklich betont, daß die 10,8 Minuten nicht gleichzeitig, sondern jeweils in den HVSt. der beiden Gruppen aus den Vielfachen 5 und 15 abfließen. In der Hauptverkehrsstunde der ganzen Gruppe der Teilnehmer 1 bis 100 setzen sich also nicht zweimal $10,8 = 21,6$ Minuten als Belastung des Vielfaches 6 zusammen, sondern weniger. Entsprechend den Entwicklungen des Abschnittes IX (und wie nachstehend eingehend erläutert) liefert jede Teilgruppe von je 50 Teilnehmern in der HVSt. der ganzen Gruppe von 100 Teilnehmern nur $10,8 : 1,12 = 9,65$ Minuten als Ausfluß aus dem Vielfach 5 oder 15. Auf den Vielfach 6 werden a'so $2 \times 9,65 = 19,3$ Minuten in der HVSt. der ganzen Gruppe aufgedrückt.

Wir stellen uns nun vor, daß das 10 teilige Feld ungeteilt sei, also nicht gestaffelt wäre. Aus den (nachfolgend erläuterten) Unterlagen entnehmen wir, daß auf den ersten Vielfach des für die Weiterrechnung als ungeteilt angenommenen Feldes 3,25 Stunden aufgedrückt werden, denn bei dieser Belastung eines ungeteilten 10er-Feldes entläßt der fünfte Vielfach gerade 19,3 Minuten. Die Unterlagen ergeben nun, daß bei dieser Belastung der zehnte Vielfach noch 0,36 Minuten entläßt. Diese 0,36 Minuten gehen verloren, denn ein elfter Vielfach ist nicht vorhanden.

Wie groß ist nun die Verlustziffer? Wir hatten als Belastung jeder Teilgruppe 2,75 Stunden in der HVSt. jeder Teilnehmergruppe angenommen. Die HVSt. der ganzen Gruppe ist nun nicht $2 \times 2,75 = 5,5$ Stunden, sondern weniger, weil die Phase der HVSt. der ganzen Gruppe gegen die HVSt. der Teilgruppen verschoben ist, d. h. zeitlich nicht zusammenfällt. Die Unterlagen ergeben, daß die 2,75 Stunden jeder Teilgruppe nur $2,75 : 1,04 = 2,65$ Stunden zur HVSt. der ganzen Gruppen beitragen. Die ganze Gruppe ist also in ihrer eigenen HVSt. tatsächlich nur mit $2 \times 2,65 = 5,3$ Stunden

= 318 Minuten belastet. Von diesen 318 Minuten gehen 0,36 Minuten verloren. Das sind $1,13\,^0/_{00}$. Die $318 - 0,3 \approx 317$ Minuten werden von 15 Vielfachen verarbeitet, also durchschnittlich $317:15 = 21,1$ Minuten je Vielfach. Langer gibt für ein gestaffeltes 10er-Feld von 15 Ausgängen eine Leistung von 21 Minuten je Vielfach für einen Verlust von ungefähr $1\,^0/_{00}$ an.

Berechnen wir eine Staffel, bei der die erste Wahlstellung in 6 Gruppen geteilt ist; die anderen 9 Wahlstellungen sollen alle Teilnehmer umfassen. Wir wollen jede der 6 Teilgruppen mit 1,15 Stunden = 69 Minuten belasten. Dann fließen aus jedem der Vielfache 1 bis 6 je 34 Minuten in der jeweiligen HVSt. aus. Die jeweils 34 Minuten tragen nur $34:1,34 = 25,3$ Minuten zur HVSt. der ganzen Gruppe bei. Auf den zweiten Vielfach fließen also zusammen $6 \times 25,3 = 151,8$ Minuten. Einem ungeteilten (nicht gestaffelten) Zehnerfeld müßten 3,32 Stunden aufgedrückt werden, damit 151,8 Minuten auf den zweiten Vielfach gelangen. Bei einer Belastung von 3,32 Stunden entläßt die zehnte Leitung 0,4 Minuten.

Wie groß ist nun die Verlustziffer? Wir belasteten jede der 6 Teilgruppen mit 1,15 Stunden als Belastung ihrer jeweiligen HVSt. 1,15 Stunden tragen nun nur $1,15:1,28 = 0,9$ Stunden zur HVSt. der ganzen Gruppe bei, zusammen also $6 \times 0,9 = 5,4$ Stunden $= 324$ Minuten, also je Leitung $324:15 = 21,6$ Minuten. Von diesen 324 Minuten gehen 0,4 Minuten verloren. Das sind $1,2\,^0/_{00}$ Verlust. Diese Zahl stimmt genau mit der Erfahrung überein, denn Langer gibt für ein gestaffeltes Zehnerfeld mit 15 Ausgängen 21 Minuten je Ausgang für ungefähr $1\,^0/_{00}$ Verlust an.

Weitere Vergleiche von Rechnung und Messung sollen der Erläuterung der Unterlagen folgen.

Die Leistung der Vielfache abhängig von der aufgedrückten Belastung. Die nachfolgenden entwickelten Unterlagen beziehen sich auf 10 teilige Felder.

Die Theorie der Leistung der einzelnen Vielfache ist im Abschnitt VII enthalten. Die Schwierigkeit der Theorie rechtfertigt wohl die Wiederholung des Gedankenganges, der zur Aufstellung der Kurvenscharen Abb. 16, 17, 18 führt.

Die einfachen Gleichungen 2 (Bernoulli) oder 3 (Poisson) ergeben die Zeit t in Stunden ausgedrückt, während welcher genau x Verbindungen gleichzeitig bestehen. Holm hat nachgewiesen, daß die Zeit t nicht die Leistung der $x$ten Leitung bedeutet und Holm führte einen „Schattenzuschlag" q ein, um die Leistung der $x$ten Leitung berechenbar zu machen. Die Holmsche Theorie der Schattenberechnung reicht aber nicht aus, weil seine Theorie die Größe des Vielfachfeldes nicht streng umfaßt.

Rückle hat nun den Gedankengang Holms zur Berechnung der Schatten umgekehrt. Holm baut die Belastung des $x$ten Vielfaches von der Belastung des ersten, zweiten usw. Vielfaches bis zur Belastung des $x$ten Vielfaches auf. Rückle geht von der Belastung des $x$ten Vielfaches aus und untersucht die Vorgänge, wenn während der Belastung des $x$ten Vielfaches ein anderer Vielfach frei wird. Das Beginnen von Belegungen folgt, wie die vielen früheren Untersuchungen zeigen, den Gleichungen von Poisson. Ebenso folgen die Beendigungen der Belegungen („Ausfallen von Belastungen") den gleichen Gesetzen. Für den Aufbau der Belastungen ist in den früheren Untersuchungen der Buchstabe y als Parameter in die Poissonsche Gleichung eingesetzt worden. Für den Abbau von Belegungen führt Rückle einen Parameter s in die Poissonsche Gleichung ein und er bestimmt nun dieses s so, daß $w_{sn} = e^{-s}\,\dfrac{s^n}{n!}$ die Wahrscheinlichkeiten angibt, mit welcher während der Belastung der $x$ten Leitung n andere Vielfache frei werden. Der Parameter s kann nach Rückle gleich den nat. Logarithmus der Leitungszahl gesetzt werden $s = l_n v$. Aus dieser Rechnung ergibt sich ein Schattenzuschlag

$$q = 1 - \left(e^{-s} + \frac{s}{v} \right).$$

Für kleine Werte von y ist q etwas niedriger infolge der Einflüsse, die Rückle näher untersucht hat. Vergrößert man den Parameter y für den Aufbau der Belegungen auf $\eta = y + q$, so ergeben sich die Belastungen der einzelnen Vielfache nach den Gleichungen

$$B_1 = \frac{1 - e^{-\eta}}{1 + \dfrac{q}{y}}$$

$$B_2 = \frac{1 - e^{-\eta}}{1 + \dfrac{q}{y}} - \eta\, e^{-\eta}$$

$$B_x = \frac{1}{1 + \dfrac{q}{y}} \left(1 - e^{-\eta} - \eta \cdot e^{-\eta} - \frac{\eta^2}{2!} e^{-\eta} - \cdots \frac{\eta^{x-1} e^{-\eta}}{(x-1)!} \right).$$

Man kann diese Zahlen in verschiedener Form graphisch darstellen. Die Kurvenschar der Abb. 16 ist folgendermaßen entstanden. Bei einer Belastung mit $y = 3{,}3$ Stunden $= 198$ Minuten $\eta = y + q = 3{,}3 + 0{,}656)$ verarbeitet der erste Vielfach 47 Minuten. Es fließen also $198 - 47 = 151$ Minuten aus dem ersten Vielfach aus, oder es fließen 151 Minuten auf den zweiten Vielfach. Siehe Kurve „auf II" in Abb. 16, Abszisse $y = 3,3$-Ordinate 151 Minuten. Der zweite Vielfach verarbeitet 45 Minuten. Es fließen also 151 — 45 = 106 Minuten auf den dritten Vielfach. Siehe Kurve „auf III" der Abb. 16, Abszisse $y = 3,30$, Ordinate 106 Minuten usw.

Die Kurvenschar der Abb. 16 gibt also an, wieviel Minuten bei einer Belastung ($y =$ Abszisse) eines Zehnerfeldes auf den II., III. usw. Vielfach fließt. Die Ordinatenabschnitte zwischen zwei Kurven ergeben die Leistungen der einzelnen Vielfache, z. B. $y = 2$ Stunden = 120 Minuten. Auf II fließen 75 Minuten, also hat der erste Vielfach 120 — 75 = 45 Minuten verarbeitet. Auf III fließen 40 Minuten, also hat der Vielfach II 75 — 40 = 35 Minuten verarbeitet usw.

Die Abb. 17 stellt in einem vergrößerten Maßstabe der Ordinaten (Minuten) die auf den X. Vielfach und die auf den nicht vorhandenen Vielfach XI fließende Belastung dar. Die aus X (d. h. auf den nicht vorhandenen Vielfach XI) fließende Belastung ist der Verlust in Minuten. Die Umrechnung dieses in Minuten sich ergebenden Verlustes in $^0/_{00}$ der aufgedrückten Belastung des ganzen Feldes ist in dem einleitenden Beispiele gezeigt worden.

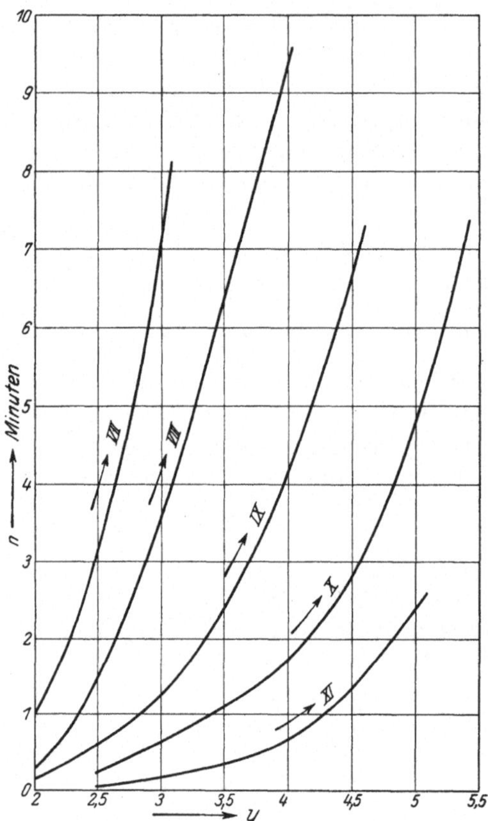

Abb. 17. Aufgedrückte Belastungen in einem 10er Feld. —→ VIII bedeutet: Wenn y Belegungsstunden auf die erste Vielfachleitung eines 10er Bündels aufgedrückt werden, so fließen noch n Minuten auf den 8. Vielfach.

Die Zuschlagskurven Abb. 18. Eine Gruppe von Belastungsquellen (Teilnehmer, Gruppenwähler, Schnüre in Handämtern usw.) erzeugen eine Belastung des verarbeitenden Feldes von y Stunden. y ist dann die mathematische Erwartung gleichzeitig bestehender

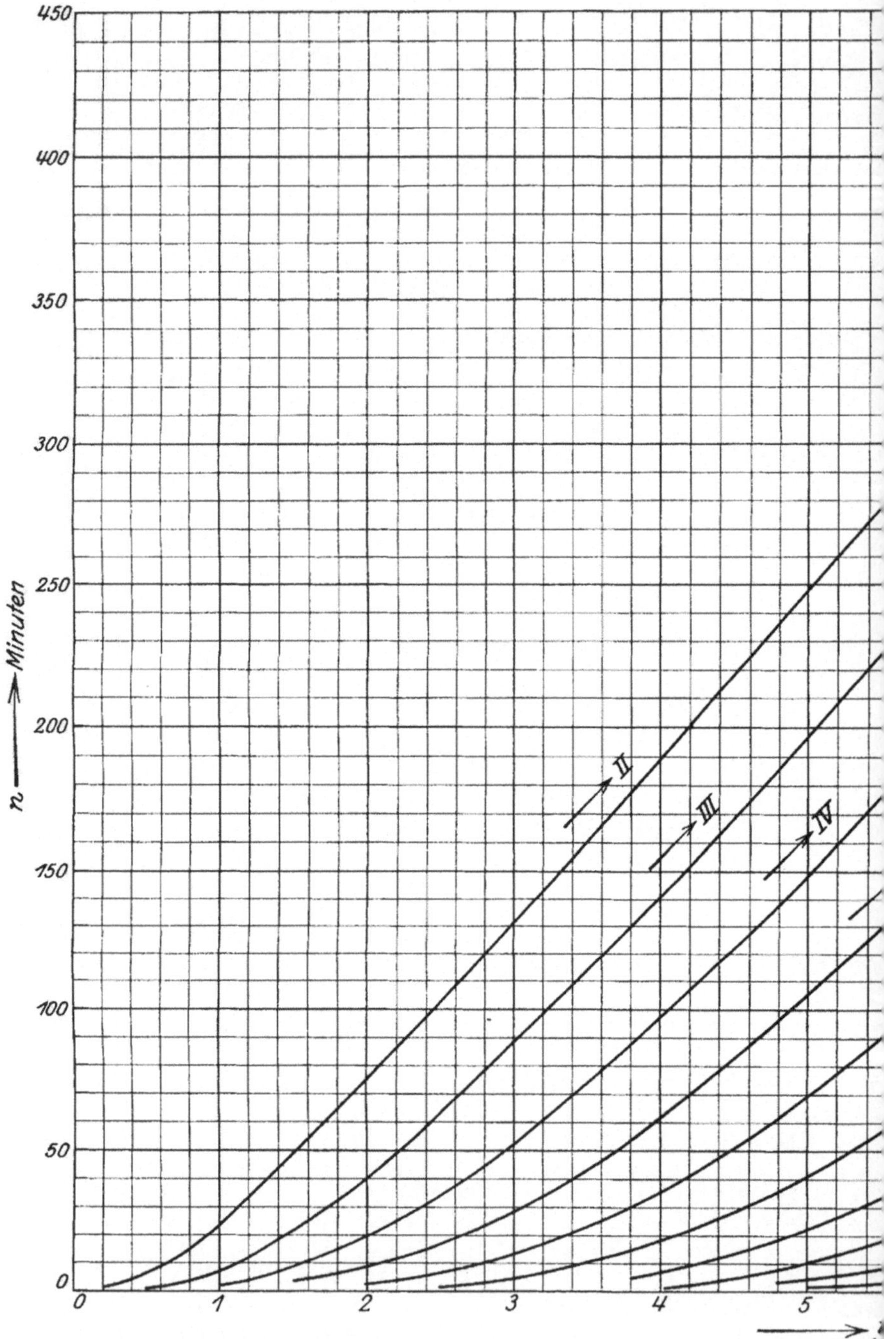

Abb. 16. Aufgedrückte Belastungen in einem 10er Feld. $n \longrightarrow$ VI bedeutet: V
werden, so fließen noch n Min

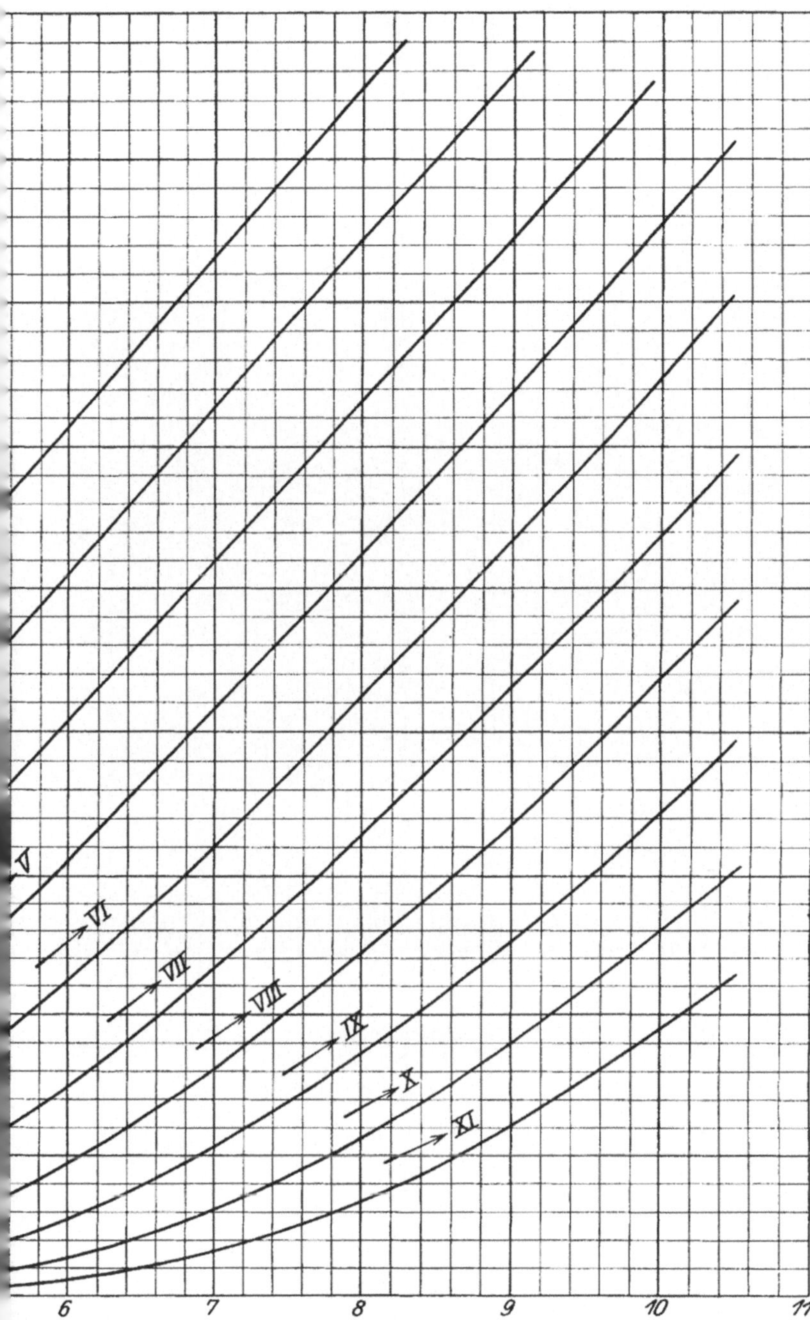

nn y Stunden auf die erste Vielfachleitung eines 10er Feldes aufgedrückt
ten auf den 6. Vielfach.

Verlag von Julius Springer, Berlin

Verbindungen, d. h. die im Mittel zu erwartende Gleichzeitigkeit. In einem beliebigen Augenblick beobachtet man nun nicht y belegte Verbindungswege, sondern v. Man kennzeichnet die Abweichungen der Beobachtungen v vom Mittelwert y durch eine „Schwankungsgröße σ" nach der Definition

$$\sigma = \frac{v - y}{y}.$$

Die Größe ist also in jedem Augenblick eine andere und ändert sich mit der Zahl der belegten Verbindungswege v.

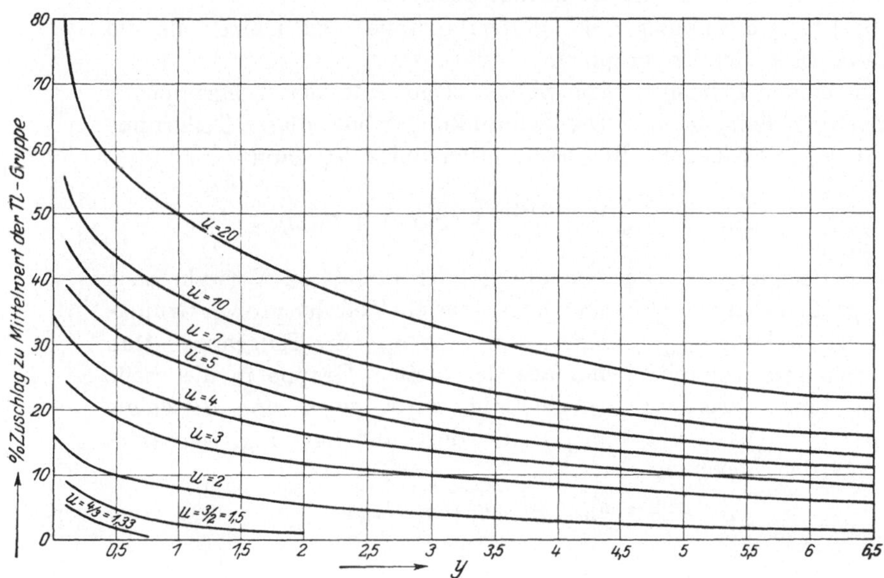

Abb. 18. Gruppenzuschlag. Zuschlag in $^0/_0$ zum Mittelwert y der Teilgruppe, wenn u-Verhältnis $Y : y$ der Belastung der großen Gruppe (Y) zum rechnerischen Mittelwert y der Teilgruppe.

In einer kleinen Gruppe ist die Änderung von σ groß, für $y = 3,30$ muß man $v = 10$ Abflußwege für den Verkehr vorsehen, wenn der Verlust $1\,^0/_{00}$ betragen soll. Der größte Wert von σ ist also in diesem Falle $\sigma_{\max} = \dfrac{v - y}{y} = \dfrac{10 - 3,3}{3,3} = 2,03$, der kleinste Wert, wenn keine Leitung belegt ist, ist $\sigma_{\min} = -1$.

σ ist eine unbenannte Zahl.

In einer großen Gruppe, z. B. $y = 75$ Stunden, muß man $v = 100$ Abschlußwege für einen Verlust von $1\,^0/_{00}$ vorsehen. σ schwankt hier zwischen

$$\sigma_{\max} = \frac{100 - 75}{75} = 0,33 \quad \text{und} \quad \sigma_{\min} = -1.$$

Betrachten wir die doppelte Vorwahl (siehe Abb. 5). Es seien 10 Hundertgruppen von Teilnehmern mit den Nummern 1000 bis 1999 mit je einer Belastung von $y = 3{,}3$ Stunden in der HVSt. jeder einzelnen Gruppe gegeben. Dann zeigt die Erfahrung, daß die HVSt. der ganzen Gruppe aller 1000 Teilnehmer nur 28 Stunden, nicht $10 \cdot 3{,}3 = 33$ Stunden beträgt. Diese Erscheinung hat zwei Gründe, a) die HVSt. der Teilnehmergruppen von je 100 Teilnehmern fallen nicht zusammen. Man kann sich auch so ausdrücken: Die Belastung in der HVSt. der großen Gruppe ist kleiner als die Summe der Belastungen der HVStn. der Teilnehmergruppen.

b) Die Schwankungen der großen Gruppe sind kleiner als die Schwankungen der Teilgruppen.

In einem beliebigen Augenblick zeige eine der Teilgruppen v gleichzeitige Belegungen. Die Schwankungsgröße dieser Teilgruppe sei mit σ_{100} bezeichnet. In diesem Augenblick ist dann

$$\sigma_{100} = \frac{v - y}{y}, \quad \text{also} \quad v = y\,(1 + \sigma_{100}).$$

Diese v Belegungen erscheinen infolge der doppelten Vorwahl auch in der großen Gruppe. Sie sind jetzt aber ein Teil der großen Gruppe, deren Schwankung σ_{1000} kleiner ist als das σ_{100} der Teilgruppe. Man kann sich also vorstellen, daß aus der kleinen Gruppe in die große Gruppe eine Belastung $\lambda_t y$ gebracht wird, nach der Gleichung $v = y\,(1 + \sigma_{100}) = \lambda_t y\,(1 + \sigma_{1000})$, die dort nur mit σ_{1000} schwankt.

Aus der Gleichung

$$y\,(1 + \sigma_{100}) = \lambda_t y\,(1 + \sigma_{1000})$$

erhält man

$$\lambda_t = \frac{1 + \sigma_{100}}{1 + \sigma_{1000}}.$$

Da σ_{100} größer als σ_{1000} ist, so ist λ_t größer als 1.

Nun zeigt Rückle, daß die Schwankungsgrößen in zwei verschieden großen Gruppen in engen Beziehungen zueinander stehen. Es ist

$$\sigma_{1000} = \frac{\sigma_{100}}{a}.$$

Der Wert des Koeffizienten a ist eine Funktion der Gruppengrößen und der spezifischen Belegung ζ (Seite 80).

Wir können also jetzt allgemein für den augenblicklichen Zuschlagsfaktor schreiben:

$$\lambda_t = \frac{1 + \sigma}{1 + \dfrac{\sigma}{a}},$$

wo mit σ die Schwankungsgröße der kleinen Gruppen bezeichnet ist.

Würde man im großen System das unveränderte y als proportionalen Anteil einer Teilgruppe spielen lassen, dann könnte dies y die Belegungszahl v nicht so oft erzeugen, als die Belegungszahl v tatsächlich von der Teilgruppe an die große Gruppe abgeliefert wird. Daher muß das y auf $\lambda_t \cdot y$ vergrößert werden, um mit der kleinen Schwankung $\dfrac{\sigma}{a}$ die tatsächliche Anzahl Belegungen v in der großen Gruppe hervorzurufen.

Das Einschwingen der Teilgruppe in die große Gruppe, d. h. der Übergang von der Schwankung σ zur Schwankung $\dfrac{\sigma}{a}$ ist ein Vorgang, der sich nur im Verlauf vieler Stunden abspielt. Man könnte nur dann

$$\lambda = \frac{1 + \sigma_{100}}{1 + \sigma_{1000}}$$

setzen, wenn dauernd die kleine Gruppe tatsächlich σ_{100}, die große σ_{1000} aufwiese. Zur Rechnung muß man sich deshalb den Mittelwert der λ_t bilden, um die Bel.-St. in der Hauptverkehrsstunde der kleinen Gruppe zu erhalten.

Die obere Grenze der Schwankung, die bei Festsetzung der Leitungszahl berücksichtigt werden muß, um $1\,^0/_{00}$ Verlust zu erhalten, ist der größte Wert σ_k der Schwankungsgröße in der kleinen Gruppe, die untere Grenze der größte Wert σ_g der großen Gruppe. Die Summen sämtlicher λ_t innerhalb dieser Grenzen dividiert durch die Differenz der größten Werte der Schwankungsgrößen ergibt den gesuchten Mittelwert.

Also

$$\lambda = \frac{1}{\sigma_k - \sigma_g} \int_{\sigma_g}^{\sigma_k} \frac{1 + \sigma}{1 + \dfrac{\sigma}{a}}\, d\sigma$$

$$\lambda = a - \frac{a(a-1)}{\sigma_k - \sigma_g}\, l_n\, \frac{1 + \dfrac{\sigma_k}{a}}{1 + \dfrac{\sigma_g}{a}}.$$

Wenn $\lambda = 1{,}57$ ist, so ist der Zuschlag zum y der kleinen Gruppe $57\,^0/_0$. Es ist bequemer mit ϑ aus der Gleichung $\lambda = 1 + \vartheta$ zu rechnen, weil dann ϑ unmittelbar den Prozentsatz angibt. Es wird

$$\vartheta = a - 1 - \frac{a(a-1)}{\sigma_k - \sigma_g}\, l_n\, \frac{1 + \dfrac{\sigma_k}{a}}{1 + \dfrac{\sigma_g}{a}}.$$

Beispiel: $n = 10$; d. h. 10 Teilgruppen werden zu einer großen Gruppe zusammengesetzt. Berechne als Beispiel den Zuschlag ϑ für $y = 1$; große Gruppe $Y = 10$ Belegungsstunden.

Für $y = 1$ sind $v = 5$ Leitungen nötig; $\sigma_k = \dfrac{v - y}{y} = 4$.

Die spezifische Belegung $\zeta = \dfrac{y}{v} = \dfrac{1}{5} = 0{,}2$.

Für $Y = 10$ ist $V = 21$ Leitungen $\sigma_g = \dfrac{21 - 10}{10} = 1{,}1$, die spezifische Belegung der großen Gruppe $Z = \dfrac{10}{21} = 0{,}48$;

$$a = \sqrt[4]{n\left(1 - \frac{2\zeta Z}{\zeta + Z}\right)} = \sqrt[4]{10\left(1 - \frac{2 \cdot 0{,}2 \cdot 0{,}48}{0{,}68}\right)} = \sqrt[4]{7{,}18} = 1{,}63,$$

also
$$\vartheta = 0{,}63 - \frac{1{,}63 \cdot 0{,}63}{2{,}9}\, l_n \frac{1 + \dfrac{4}{1{,}63}}{1 + \dfrac{1{,}1}{1{,}63}} = 0{,}375 = 37{,}5\,\%.$$

In der Abb. 18 sind nun die Zuschläge dargestellt. Die Abszisse zeigt y, d. h. den rechnerischen Mittelwert der Belastung der Teilgruppe, wenn ein großer Verkehr unterteilt wird. Z. B. $Y = 28$ Stunden werden in 10 Teile geteilt. Also Mittelwert der Teilgruppe $y = 2{,}8$ Stunden. Die Ordinaten stellen die Zuschläge ϑ zu diesen Mittelwerten y in Prozent dar.

Da die Zuschläge für verschieden große Gruppenverhältnisse verschieden groß sind, zeigt die Abb. 18 mehrere Kurven. $u = 10$ bedeutet, daß die große Belastung in 10 Teile geteilt wird. Zu dem berechneten $y = 2{,}8$ ist ein Zuschlag von $\vartheta = 25\,\%$ zu machen, die HVSt. der Teilgruppe ist daher mit $y' = 1{,}25 \cdot 2{,}8 = 3{,}5$ Stunden zu errechnen.

Vergleich der Rechnung mit der Erfahrung. Langer[1]) hat gemessene Kurven für eine 10er, eine 5er und eine 2er Teilung angegeben. Die Kurven $u = 10, 5, 2$ der Abb. 18 entsprechen den Langerschen wie folgt:

Gruppenverhältnis	Teilgruppe	Zuschlag gemessen	in % berechnet
10	1	42,0	38,0
	3	24,5	24,5
	7	12,5	15,0
5	1	29,0	27,0
	3	15,0	17,0
	7	7,0	9,0
2	1	17,0	8,0
	3	6,0	4,0
	7	2,0	1,0

---

[1]) Langer: ETZ 3. März 1924.

Die Übereinstimmung reicht für praktische Zwecke vollkommen aus.

Als Beispiel werde hier die Staffel Abb. 19 durchgerechnet. Sie bekommt ihren Verkehr aus 10 Vorwählerrahmen, auf denen die Vorwähler der Teilnehmer 100—109, 110—119 usw. bis 190—199, im ganzen 100, angebracht sind. Aus dem Vielfachfeld gehen 30 Leitungen nach der nächsten Schaltstelle.

Es ist der Kontakt der ersten Wählerstellung des Rahmens 1 mit dem Kontakt der ersten Wählerstellung des Rahmens 2 verbunden usw., wie aus Abb. 19 zu ersehen ist.

Die 100 Teilnehmer mögen in der HVSt. eine Belegung von $y = 720$ Minuten $= 12$ Stunden erzeugen. Dieser Gesamtverkehr teilt sich in die 5 Gruppen der ersten Wählerstellung, deren jede $\frac{1}{5} \cdot 720 \cdot 1,17 = 168$ Minuten erhält, wobei der Zuschlag von $17\,^0/_0$ aus Kurve $u = 5$ in Abb. 18 entnommen ist. Da die Verbindungen der Kontakte der Wählerstellungen 2 bis 4 ebenso hergestellt sind wie in Stellung 1, kann man sofort aus der Kurve „auf V" Abb. 18 ablesen, welche Minutenzahlen noch aus der 4. Leitung ausfließen. Es ergeben sich 25 Minuten.

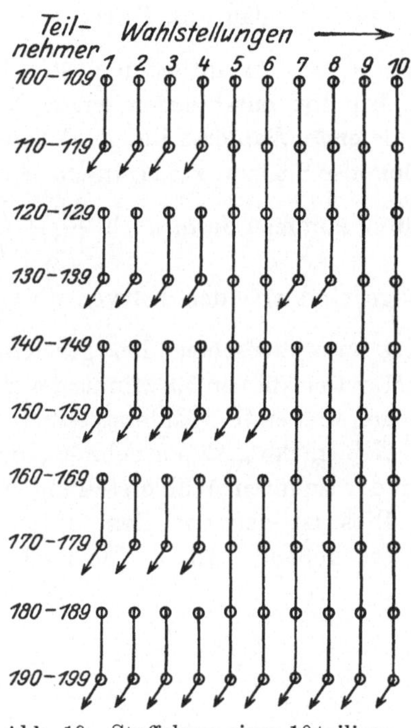

Abb. 19. Staffelung eines 10 teiligen Feldes mit 30 Ausgängen.

In der fünften Wählerstellung geht eine Leitung über 6 Kontakte, die andere nur über 4 Kontakte. Der längeren Leitung werden $\frac{3 \cdot 25}{1,2} = 62$ Minuten, der kürzeren $\frac{2 \cdot 25}{1,1} = 45$ Minuten aufgedrückt. Die Zuschläge von 20 bzw. $10\,^0/_0$ ergeben sich aus den Kurven $u = 3$ bzw. $u = 2$ der Abb. 18. Ein Zufluß von 62 bzw. 45 Minuten auf eine Leitung der 5. Wählerstellung entspricht einem Zufluß von 4 bzw. 3,5 Stunden auf die erste Wählerstellung eines ungeteilten Feldes, wie man aus der Kurve „auf V" Abb. 16 ersieht. Auf der Kurve „auf VII" kann man jetzt ablesen, welche Minutenzahl noch aus den beiden Leitungen der sechsten Wählerstellung ausfließt. Es ergeben sich 18 bzw. 12 Minuten. In entsprechender Weise erhält man die Minutenzahl, die auf jede Leitung der siebenten Wählerstellung fließt.

Es sind dies $\frac{2}{3} \cdot 18 \cdot 1,06 = 12,6$ bzw. $\frac{12}{1,08} + \frac{1}{3} \cdot \frac{18 \cdot 1,22}{1,22} = 11,1 + 6 = 17,1$ Minuten. Es ist nämlich für die kürzere Leitung der Zuschlag aus der Kurve $u = \frac{3}{2}$ zu entnehmen, während für die längere Leitung ein Zuschlag aus Kurve $u = \frac{3}{2}$ und außerdem ein Abzug aus Kurve $u = 3$ zu entnehmen ist. Die Minutenzahlen von 12,6 bzw. 11,1 Minuten entsprechen einem Zufluß von 3,85 bzw. 3,55 Stunden auf die erste Wählerstellung. Aus den Leitungen der Wählerstellung 8 fließen also 3,5 bzw. 2,5 Minuten. Auf die Leitung der neunten Wählerstellung kommen dann noch $\frac{2,5}{1,2} + \frac{3,5}{1,1} = 2,1 + 3,2 = 5,3$ Minuten. Die Abzüge sind aus den Kurven $u = \frac{5}{2}$ und $u = \frac{5}{3}$ zu entnehmen, deren Werte man zwischen den gezeichneten Kurven interpolieren muß. Die Minutenzahl von 5,3 Minuten entspricht einem Zufluß von 4,24 Stunden auf die erste Wählerstellung. Jetzt kann man aus der Kurve „auf XI" in Abb. 17 entnehmen, daß noch 0,9 Minuten aus der Leitung der zehnten Wählerstellung ausfließen.

Dies ist der von dem aufgedrückten Zufluß von 750 Minuten verloren gehende Anteil. Es sind $1,2\,^0/_{00}$ Verlust.

X. Anhang.

A. Auswertung der Poissonschen Gleichung mit dem Rechenschieber.

Beispiel:

$c = 80$ Belegungen; $\quad t = {}^1/_{40}$ h; $\quad y = ct = 2$ Bel.-Stunden.

$$w_x = e^{-2}\,\frac{2^x}{2!}.$$

Bilde den Quotienten

$$\frac{w_{x+1}}{w_x} = \frac{y^{x+1}\,x!}{y^x\,(x+1)!} = \frac{y}{x+1} = \frac{2}{x+1};$$

beginne die Auswertung mit $w_0 = e^{-2}$:

$$\log e = 0{,}434\,294\,,$$

$$-\,2\log e = 0{,}131\,412 - 1\,;\quad e^{-2} = 0{,}135\,34\,.$$

$$x = 0 \quad w_0 = \qquad\qquad 0{,}135\,34\,,$$

$$1 \quad w_1 = \frac{2}{1}\cdot w_0 = 0{,}270\,68\,,$$

$$2 \quad w_2 = \frac{2}{2}\cdot w_1 = 0{,}270\,68\,,$$

$$3 \quad w_3 = \frac{2}{3}\cdot w_2 = 0{,}180\,40\,,$$

$$4 \quad w_4 = \frac{2}{4}\cdot w_3 = 0{,}090\,20\,,$$

$$5 \quad w_5 = \frac{2}{5}\cdot w_4 = 0{,}036\,08\,,$$

$$6 \quad w_6 = \frac{2}{6}\cdot w_5 = 0{,}012\,03\,,$$

$$7 \quad w_7 = \frac{2}{7}\cdot w_6 = 0{,}003\,44\,,$$

$$8 \quad w_8 = \frac{2}{8}\cdot w_7 = 0{,}000\,86\,,$$

$$9 \quad w_9 = \frac{2}{9}\cdot w_8 = 0{,}000\,19\,,$$

$$10 \quad w_{10} = \frac{2}{10}\cdot w_9 = 0{,}000\,04$$

$$\text{Summe} = 0{,}999\,94\,.$$

Wenn y groß ist, z. B. $y = 75$, so kann man nicht mit w_0 beginnen und etwa bis w_{100} aufsteigen. Beginne die Rechnung mit

$$w_{75} = \frac{1}{\sqrt{2\,\pi\cdot 75}}$$

und rechne dann weiter:

$$w_{76} = \tfrac{75}{76}\cdot w_{75} \quad \text{usw.}$$

Es ist

$$w_y = e^{-y}\,\frac{y^y}{y!}$$

ersetze $y!$ durch den Stirlingschen Ansatz

$$y! = y^y\cdot e^{-y}\cdot\sqrt{2\,\pi y}\,,$$

also

$$w_y = \frac{e^{-y}\cdot y^y}{y^y e^{-y}\cdot\sqrt{2\,\pi y}} = \frac{1}{\sqrt{2\,\pi y}}\,.$$

B. Auswertung der Bernoullischen Gleichung mit dem Rechenschieber.

$$w_x = \binom{s}{x} z^x (1-z)^{s-x}$$

bilde

$$\frac{w_{x+1}}{w_x} = \frac{s!\, x!\, (s-x)!\, z^{x+1} (1-z)^{s-x-1}}{(x+1)!\, (s-x-1)!\, s!\, z^x (1-z)^{s-x}} = \frac{s-x}{x+1} \cdot \frac{z}{1-z}\,.$$

Beispiel:

$s = 50$ Teilnehmer,

$c = 80$ Belegungen in HVSt.,

$t = {}^1/_{40}$ Stunde,

$y = ct = 2$,

$$z = \frac{ct}{s} = \frac{2}{50} = 0{,}04 \text{ Stunden je Teilnehmer;}$$

$$\frac{w_{x+1}}{w_x} = \frac{50-x}{x+1} \cdot \frac{0{,}04}{0{,}96} = 0{,}041\,68 \cdot \frac{50-x}{x+1}$$

beginne mit

$$w_0 = (1-z)^s = 0{,}96^{\,50} = 0{,}129\,88\,.$$

$$x = 0 \quad w_0 = \qquad\qquad\qquad 0{,}129\,88\,,$$

$$1 \quad w_1 = 0{,}041\,68\, \frac{50}{1} \cdot w_0 = 0{,}270\,10\,,$$

$$2 \quad w_2 = 0{,}041\,68\, \frac{49}{2} \cdot w_1 = 0{,}275\,80\,,$$

$$3 \quad w_3 = 0{,}041\,68\, \frac{48}{3} \cdot w_2 = 0{,}184\,0\,,$$

$$4 \quad w_4 = 0{,}041\,68\, \frac{47}{4} \cdot w_3 = 0{,}090\,2\,,$$

$$5 \quad w_5 = 0{,}041\,68\, \frac{46}{5} \cdot w_4 = 0{,}034\,53\,,$$

$$6 \quad w_6 = 0{,}041\,68\, \frac{45}{6} \cdot w_5 = 0{,}010\,79\,,$$

$$7 \quad w_7 = 0{,}041\,68\, \frac{44}{7} \cdot w_6 = 0{,}002\,82\,,$$

$$8 \quad w_8 = 0{,}041\,68\, \frac{43}{8} \cdot w_7 = 0{,}000\,63\,,$$

$$9 \quad w_9 = 0{,}041\,68\, \frac{42}{9} \cdot w_8 = 0{,}000\,12\,,$$

$$10 \quad w_{10} = 0{,}041\,68\, \frac{41}{10} \cdot w_9 = 0{,}000\,02$$

$$\text{Summe} = 0{,}998\,8$$

C. Auswertung der kombinatorischen Gleichung mit dem Rechenschieber.

$$w_x = \frac{\binom{s}{x}\binom{s\,|\,t-s}{c-x}}{\sum\limits_{x=0}^{x=s}\binom{s}{x}\binom{s\,|\,t-s}{c-x}}\,;$$

setze

$$\binom{s}{x}\binom{s\,|\,t-s}{c-x} = Z_x\,,$$

dann wird

$$w_x = \frac{Z_x}{\sum\limits_{x=0}^{x=s} Z_x} = \frac{Z_x}{Z_0 + Z_1 + \cdots + Z_x + \cdots + Z_s}$$

$$= \frac{1}{\dfrac{Z_0}{Z_x} + \dfrac{Z_1}{Z_x} + \dfrac{Z_2}{Z_x} + \cdots + \dfrac{Z_x}{Z_x} + \cdots + \dfrac{Z_s}{Z_x}}\,.$$

Darin ist

$$\frac{Z_x}{Z_x} = 1\,;$$

nun bilde

$$\frac{w_{x+1}}{w_x} = \frac{Z_{x+1}}{Z_x} = \frac{\binom{s}{x+1}\binom{s\,|\,t-s}{c-x-1}}{\binom{s}{x}\binom{s\,|\,t-s}{c-x}}$$

$$= \frac{x!\,(s-x)!\,s\,|\,t-s-c+x)!\,(c-x)!}{(x+1)!\,(s-x-1)!\,(s\,|\,t-s-c+x+1)!\,(c-x-1)!}$$

$$= \frac{(s-x)\,(c-x)}{(x+1)\,(s\,|\,t-s-c+1+x)}\,.$$

Beispiel:

$$s = 50 \text{ Teilnehmer,}$$

$$c = 80 \text{ Belegungen in der HVSt.,}$$

$$t = {}^1\!/_{40} \text{ Belegungsdauer;}$$

$$\frac{w_{x+1}}{w_x} = \frac{Z_{x+1}}{Z_x} = \frac{(50-x)\,(80-x)}{(x+1)\,(1871+x)}$$

und

$$\frac{Z_x}{Z_{x+1}} = \frac{(x+1)\,(1871+x)}{(50-x)\,(80-x)}\,;$$

ferner ist z. B.:

$$\frac{Z_0}{Z_x} = \frac{Z_0}{Z_1} \cdot \frac{Z_1}{Z_x}\,.$$

Beginne die Auswertung mit einer beliebigen Wahrscheinlichkeit, z. B. w_4:

$$w_4 = \cfrac{1}{\dfrac{Z_0}{Z_4} + \dfrac{Z_1}{Z_4} + \dfrac{Z_2}{Z_4} + \dfrac{Z_3}{Z_4} + 1 + \dfrac{Z_5}{Z_4} + \cdots + \dfrac{Z_{50}}{Z_4}}.$$

Schreibe zuerst die ganze Reihe 1 an. Dann die Reihe 2 ganz herunter, dann Reihe 3: ziehe zuerst die Bruchstriche, schreibe dann die Werte $(x+1) = 1, 2, 3, \ldots, 10$ in Zähler oder Nenner, je nachdem die Posten unter oder über $\dfrac{Z_4}{Z_4} = 1$ liegen. Dann trage die Werte $1871 + x$ in der ganzen Reihe ein: 1871, 1872, 1873, 1874 im Zähler, 1875 usw. in den Nenner. Desgleichen mit $(50 - x)$, und zuletzt $(80 - x)$. Ergänze die Reihe 3 durch den Quotienten $\dfrac{Z_n}{Z_4}$:

$$w_4 = \cfrac{1}{\dfrac{Z_0}{Z_4} + \dfrac{Z_1}{Z_4} + \dfrac{Z_2}{Z_4} + \dfrac{Z_3}{Z_4} + 1 + \dfrac{Z_5}{Z_4} + \cdots + \dfrac{Z_{50}}{Z_4}},$$

$\dfrac{Z_x}{Z_{x+1}}$ und $\dfrac{Z_{x+1}}{Z_x}$ wie oben:

x	Reihe 1	Reihe 2	Reihe 3	Reihe 4 $\dfrac{Z_x}{Z_4}$	Reihe 5 w_x
0	$\dfrac{Z_0}{Z_4} =$	$\dfrac{Z_0}{Z_1} \cdot \dfrac{Z_1}{Z_4} =$	$\dfrac{1}{50} \cdot \dfrac{1871}{80} \cdot \dfrac{Z_1}{Z_4}$	1,5830	0,1389
1	$\dfrac{Z_1}{Z_4} =$	$\dfrac{Z_1}{Z_2} \cdot \dfrac{Z_2}{Z_4} =$	$\dfrac{2}{49} \cdot \dfrac{1872}{79} \cdot \dfrac{Z_2}{Z_4}$	2,9650	0,2596
2	$\dfrac{Z_2}{Z_4} =$	$\dfrac{Z_2}{Z_3} \cdot \dfrac{Z_3}{Z_4} =$	$\dfrac{3}{48} \cdot \dfrac{1873}{78} \cdot \dfrac{Z_3}{Z_4}$	3,2778	0,2870
3	$\dfrac{Z_3}{Z_4} =$	$\dfrac{Z_3}{Z_4} =$	$\dfrac{4}{47} \cdot \dfrac{1874}{77}$	2,0705	0,1813
4	$\dfrac{Z_4}{Z_4} =$			1,000	0,0875
5	$\dfrac{Z_5}{Z_4} =$	$\dfrac{Z_5}{Z_4} =$	$\dfrac{46}{5} \cdot \dfrac{76}{1875} \cdot$	0,3728	0,0326
6	$\dfrac{Z_6}{Z_4} =$	$\dfrac{Z_6}{Z_5} \cdot \dfrac{Z_5}{Z_4} =$	$\dfrac{45}{6} \cdot \dfrac{75}{1876} \cdot \dfrac{Z_5}{Z_4}$	0,1116	0,0097
7	$\dfrac{Z_7}{Z_4} =$	$\dfrac{Z_7}{Z_6} \cdot \dfrac{Z_6}{Z_4} =$	$\dfrac{44}{7} \cdot \dfrac{74}{1877} \cdot \dfrac{Z_6}{Z_5}$	0,0276	0,0024
8	$\dfrac{Z_8}{Z_4} =$	$\dfrac{Z_8}{Z_7} \cdot \dfrac{Z_7}{Z_4} =$	$\dfrac{43}{8} \cdot \dfrac{73}{1878} \cdot \dfrac{Z_7}{Z_4}$	0,0057	0,0005
9	$\dfrac{Z_9}{Z_4} =$	$\dfrac{Z_9}{Z_8} \cdot \dfrac{Z_8}{Z_4} =$	$\dfrac{42}{9} \cdot \dfrac{72}{1879} \cdot \dfrac{Z_8}{Z_4}$	0,0010	0,0001
10	$\dfrac{Z_{10}}{Z_4} =$	$\dfrac{Z_{10}}{Z_9} \cdot \dfrac{Z_9}{Z_4} =$	$\dfrac{41}{10} \cdot \dfrac{71}{1880} \cdot \dfrac{Z_9}{Z_4}$	0,0001	0,0000
				11,4173	0,9998

Der Nenner wird 11,4173, also

$$w_4 = \frac{1}{11,4173} = 0,0875 \, .$$

Nunmehr bilde alle anderen Wahrscheinlichkeiten w_x wie folgt: es ist

$$\frac{w_x}{w_4} = \frac{Z_x}{Z_4} \, ; \qquad w_x = w_4 \cdot \frac{Z_x}{Z_4} \, .$$

w_4 ist bekannt gleich 0,0875 und die Werte $\dfrac{Z_x}{Z_4}$ stehen in der Reihe 4.

Literaturverzeichnis.

F.W.G. = Zeitschrift für Fernmeldetechnik, Werk- und Gerätebau, München.
E.T.Z. = Elektrotechnische Zeitschrift, Berlin.
P.O.E.E.J. = Post Office Elektr. Engineers Journal, London.

Baer, F. L.: Switching equipment computation. Telephony, Chicago, 18. Dez. 1920.

Campbell, W. L.: A study of multioffice automatic telephone systems. Proc. Am. Inst. El. Eng. 29. Juni 1908.

Christensen, P. V.: Die Wählerzahl in automatischen Fernsprechämtern. E.T.Z. 1913, S. 1314.

— und Johannsen: Telephonie in großen Städten. P.O.E.E.J. Oktober 1910.

O'Dell, G. F.: Theoretical principles of the traffic capacity. P.O.E.E.J. Oktober 1920.

Dommerque, F. J.: Fernsprechverkehrsstudien. F.W.G. 1920, Heft 11, 12.

Dumjohn, F. P., und W. H. Martin: Experimental Determination of traffic loads and congestion. P.O.E.E.J. Juli 1922.

Engset, T.: Die Wahrscheinlichkeitsrechnung zur Bestimmung der Wählerzahl E.T.Z., 1. August 1918.

Erlang, A. K.: Solution of some problems in the theory of probalities. P.O.E.E.J., Januar 1918.

Grabe, G.: Entwicklungsmöglichkeiten auf dem Gebiete der Selbstanschluß-Fernsprechämter. E.T.Z. 1920, Heft 41, 42.

Grinsted, W. H.: A study of telephone traffic problems with the aid of the principles of probability. P.O.E.E.J., April 1915.

— The theory of probability in telephone traffic problems. P.O.E.E.J., Oktober 1918.

Holm, R.: Über die Benützung der Wahrscheinlichkeitstheorie für Telephonverkehrsprobleme. Archiv für Elektrotechnik 1920, Heft 12.

— Calculation of blocking factors. P.O.E.E.J., April 1922.

— Beräkning av spärringstal. Telegrafstyrelsens Circulär. Stockholm, Aug. 1919.

Koelsch, K.: Vergebliche Anrufe. Telegraphen- u. Fernsprechtechnik, 10. Juni 1913.

Langer, M.: Wirtschaftliches Fernsprechen. F.W.G., 20. Dezember 1920.

— Netzgestaltung sehr großer Fernsprechanlagen. F.W.G. 1921, Heft 3/4.

— Berechnung der Wählerzahl in selbsttätigen Fernsprechämtern. E.T.Z. 3. März 1924.

Lely, U. P.: Waarschijnlijkeidsrekening bij automatische Telefonie. Haag 1918.

Lubberger, F.: Die Anpassung der Fernsprechanlagen an Verkehrsschwankungen. Berlin 1913.

— und H. Müller: Wirkungsgrad und Leistungsgarantie. F.W.G. 1921, Heft 2, 4.

— und R. Hoefert: Die Berechnung der Wählerzahl. F.W.G. 1921, Heft 5.

— — Wahrscheinlichkeitstheoretische Behandlung weit unterteilter Betriebssysteme zwecks Gewährleistung. Wissenschafl. Veröffentlichungen des Siemens-Konzerns, II. Band, 1922.

— — Verkehrsfragen in Fernsprechanlagen mit Wählerbetrieb. E.T.Z. 1922, Heft 37, 38.

Martin, N. H.: A note on the theory of probability applied to telephone traffic problems. P.O.E.F.J. Oktober 1923.

Henry, C. Mc.: Investigation of the loss involved in trunking. P.O.E.E.J. Januar 1922.

Merker, M.: Some notes on the use of the probability theory to determine the number of switches. P.O.E.E.J. Januar, April 1924.

Milon, H.: La téléphonie automatique. Paris 1914. Annales des Postes Tél. et Tél. 1916, S. 468.

Mises, R. v.: Über die Wahrscheinlichkeit seltener Ereignisse. Z. ang. Math. Mech. April 1921, S. 121.

Molina, E. C.: Computation formula for the probability of an event happening at least c tinnes in n trials. Am. Math. Monthly, Juni 1913.

Spiecker, F.: Die Abhängigkeit des erfolgreichen Fernsprechanrufes von der Anzahl der Verbindungsorgane. Berlin: Julius Springer 1913.

Steidle, H. C.: Tarif und Technik des staatlichen Fernsprechwesens. München 1906.

Zanni, L. A.: Notioni fondamentali sulla commutazione telefonia automatica. Telegrafi et Telefoni. Mai-Juni, 1923.

Druck von Oscar Brandstetter in Leipzig.

Die Abhängigkeit des erfolgreichen Fernsprechanrufes von der Zahl der Verbindungsorgane. Von Dr.-Ing. Dipl.-Ing. **Fr. Spiecker.** (66 S.) 1913. 2.50 Goldmark / 0.60 Dollar

Die Telegraphentechnik. Ein Leitfaden für Post- und Telegraphenbeamte. Von Geh. Oberpostrat Prof. Dr. **K. Strecker,** Berlin. Siebente Auflage. In Vorbereitung.

Anleitung zum Bau elektrischer Haustelegraphen-, Telephon-, Kontroll- und Blitzableiter-Anlagen.
Herausgegeben von der A.-G. **Mix & Genest,** Telephon- und Te'egraphenwerke, Berlin-Schöneberg. Siebente, neubearbeitete und erweiterte Auflage. Unveränderter Neudruck. (609 S.) 1914. 6 Goldmark / 1.45 Dollar

Telephon- und Signal-Anlagen. Ein praktischer Leitfaden für die Errichtung elektrischer Fernmelde-(Schwachstrom-)Anlagen. Herausgegeben von **Carl Beckmann,** Oberingenieur der Aktien-Gesellschaft Mix & Genest, Telephon- und Telegraphenwerke, Berlin-Schöneberg. Bearbeitet nach den Leitsätzen für die Errichtung elektrischer Fernmelde-(Schwachstrom-)Anlagen der Kommission des Verbandes deutscher Elektrotechniker und des Verbandes elektrotechnischer Installationsfirmen in Deutschland. Dritte, verbesserte Auflage. Mit 418 Abbildungen und Schaltungen und einer Zusammenstellung der gesetzlichen Bestimmungen für Fernmeldeanlagen. (334 S.) 1923. Gebunden 7.50 Goldmark / Gebunden 1.80 Dollar

Die Nebenstellentechnik. Von **Hans B. Willers,** Oberingenieur, Prokurist der Aktien-Gesellschaft Mix & Genest, Berlin-Schöneberg. Mit 137 Textabbildungen. (178 S.) 1920.
Gebunden 7 Goldmark / Gebunden 1.70 Dollar

Experimentelle Untersuchungen aus dem Grenzgebiet zwischen drahtloser Telegraphie und Luftelektrizität. Von Privatdozent Dr. **M. Dieckmann,** München.
I. Teil: **Die Empfangsstörung.** Mit 56 Abbildungen. Zweites Heft der „Luftfahrt und Wissenschaft", herausgegeben von Joseph Sticker. (81 S.) 1912. 3 Goldmark / 0.75 Dollar

Mitteilungen aus dem Telegraphen-Versuchsamt des Reichspostamts. I—III vergriffen.

IV.	(127 S.) 1908.	3 Goldmark / 0.75 Dollar
V.	(127 S.) 1910.	3 Goldmark / 0.75 Dollar
VI.	(175 S.) 1912.	4 Goldmark / 0.95 Dollar
VII.	(179 S.) 1914.	4 Goldmark / 0.95 Dollar

Verlag von Julius Springer in Berlin W 9

Lehrbuch der drahtlosen Telegraphie. Von Dr.-Ing. **H. Rein.**
Nach dem Tode des Verfassers herausgegeben von Prof. Dr. **K. Wirtz,** Darmstadt. Zweite Auflage.   In Vorbereitung.

Radiotelegraphisches Praktikum. Von Dr.-Ing. **H. Rein.** Dritte,
umgearbeitete und vermehrte Auflage. Von Prof. Dr. **K. Wirtz,** Darmstadt. Mit 432 Textabbildungen und 7 Tafeln. Berichtigter Neudruck. (577 S.) 1922.   Gebunden 20 Goldmark / Gebunden 4.80 Dollar

Handbuch der drahtlosen Telegraphie und Telephonie.
Ein Lehr- und Nachschlagebuch der drahtlosen Nachrichtenübermittlung. Von Dr. **Eugen Nesper.** Zwei Bände. Zweite, neubearbeitete und ergänzte Auflage.   In Vorbereitung.

Der Radio-Amateur „Broadcasting". Ein Lehr- und Hilfsbuch für die
Radio-Amateure aller Länder. Von Dr. **Eugen Nesper.** Fünfte Auflage. Mit 377 Abbildungen. (390 S.) 1924.
Gebunden 8 Goldmark / Gebunden 1.95 Dollar

Radio-Schnelltelegraphie. Von Dr. **Eugen Nesper.** Mit 108 Ab-
bildungen. (132 S.) 1922   4.50 Goldmark / 1.10 Dollar

Elementares Handbuch über drahtlose Vacuum-Röhren.
Von **John Scott Taggart,** Mitglied des Physikalischen Institutes London. Ins Deutsche übersetzt nach der vierten, durchgesehenen englischen Auflage von Dipl.-Ing. Dr. **Eugen Nesper** und Dr. **Siegmund Loewe.** Mit 136 Abbildungen im Text.   In Vorbereitung.

Radio-Technik für Amateure. Anleitungen und Anregungen für
die Selbstherstellung von Radio-Empfangsapparaturen, ihren Einzelheiten und auch ihren Nebenapparaten. Von Dr. **Ernst Kadisch** (Dahlem). Mit 216 Textabbildungen.   Erscheint Ende 1924.

Verlag von Julius Springer und M. Krayn, Berlin

Der Radio-Amateur. Zeitschrift für Freunde der drahtlosen
Telephonie und Telegraphie. Organ des Deutschen Radio-Clubs. Unter ständiger Mitarbeit von Dr. **Walter Burstyn**-Berlin, Dr. **Peter Lertes**-Frankfurt a. M., Dr. **Siegmund-Loewe**-Berlin und Dr. **Georg Seibt**-Berlin u. a. m. Herausgegeben von Dr. **Eugen Nesper,** Berlin.
Bisher sind erschienen: I. Jahrgang (1923) Heft 1—5; II. Jahrgang (1924) Heft 1—26. Die Zeitschrift erscheint wöchentlich einmal im Umfange von je 20—24 Seiten. Jährlich 52 Hefte. Preis vierteljährlich für das In- und Ausland 4.80 Goldmark (1 GM. = 10/42 Dollar nordamerikanischer Währung), zuzüglich Versandspesen, Einzelheft 0,40 Goldmark zuzüglich Porto.
(Die Auslieferung erfolgt vom Verlag Julius Springer in Berlin W 9)

Die wissenschaftlichen Grundlagen der Elektrotechnik.
Von Prof. Dr. **Gustav Benischke**. Sechste, vermehrte Auflage. Mit 633 Abbildungen im Text. (698 S.) 1922.
>Gebunden 18 Goldmark / Gebunden 4.30 Dollar

Theorie der Wechselströme. Von Dr.-Ing. **Alfred Fraenckel**.
Zweite, erweiterte und verbesserte Auflage. Mit 237 Textfiguren. (360 S.) 1921.
>Gebunden 11 Goldmark / Gebunden 2.65 Dollar

Hilfsbuch für die Elektrotechnik. Unter Mitwirkung namhafter
Fachgenossen bearbeitet und herausgegeben von Dr. **Karl Strecker,** Berlin. Zehnte, vollständig umgearbeitete Auflage.
>In Vorbereitung.

Kurzes Lehrbuch der Elektrotechnik. Von Prof. Dr. **Adolf**
Thomälen, Karlsruhe. Neunte, verbesserte Auflage. Mit 555 Textbildern. (404 S.) 1922.
>Gebunden 9 Goldmark / Gebunden 2.15 Dollar

Kurzer Leitfaden der Elektrotechnik für Unterricht und
Praxis in allgemeinverständlicher Darstellung. Von Ingenieur **Rudolf Krause.** Vierte, verbesserte Auflage, herausgegeben von Prof. **H. Vieweger.** Mit 375 Textfiguren. (278 S.) 1920.
>Gebunden 6 Goldmark / Gebunden 1.45 Dollar

Grundzüge der Starkstromtechnik. Für Unterricht und Praxis.
Von Dr.-Ing. **K. Hoerner.** Mit 319 Textabbildungen und zahlreichen Beispielen. (262 S.) 1923.
>4 Goldmark; gebunden 5 Goldmark / 0.95 Dollar; gebunden 1.20 Dollar

Elektrische Durchbruchfeldstärke von Gasen. Theoretische
Grundlagen und Anwendung. Von **W. O. Schumann,** a. o. Professor der Technischen Physik an der Universität Jena. Mit 80 Textabbildungen. (253 S.) 1923.
7.20 Goldmark; gebunden 8.40 Goldmark / 1.75 Dollar; gebunden 2 Dollar

Elektronen- und Ionen-Ströme. Experimental-Vortrag bei der
Jahresversammlung des Verbandes Deutscher Elektrotechniker am 30. Mai 1922 von Dr. **J. Zenneck,** ord. Prof. der Experimentalphysik an der Technischen Hochschule München. Mit 41 Abbildungen. (48 S.) 1923.
>1.50 Goldmark / 0.40 Dollar

Ankerwicklungen für Gleich- und Wechselstrommaschinen. Ein Lehrbuch. Von **Rudolf Richter,** Professor an der Technischen Hochschule Fridericiana zu Karlsruhe, Direktor des Elektrotechnischen Instituts. Mit 377 Textabbildungen. Berichtigter Neudruck. (436 S.) 1922. Gebunden 14 Goldmark / Gebunden 3.35 Dollar

Elektrische Maschinen. Theorie und Berechnung. Von Prof. **R. Richter,** Karlsruhe.

Erster Band: **Grundbegriffe, Berechnungselemente, die Gleichstrommaschine.** Mit 453 Textabbildungen. Erscheint im Herbst 1924.

Die asynchronen Wechselfeldmotoren. Kommutator und Induktionsmotoren. Von Prof. Dr. **Gustav Benischke.** Mit 89 Abbildungen im Text. (118 S.) 1920. 4.20 Goldmark / 1 Dollar

Die Elektromotoren in ihrer Wirkungsweise und Anwendung. Ein Hilfsbuch für die Auswahl und Durchbildung elektromotorischer Antriebe. Von **Karl Meller,** Oberingenieur. Zweite, vermehrte und verbesserte Auflage. Mit 153 Textabbildungen. (167 S.) 1923. 4.60 Goldmark; gebunden 5.40 Goldmark / 1.10 Dollar; gebunden 1.30 Dollar

Elektromotoren. Ein Leitfaden zum Gebrauch für Studierende, Betriebsleiter und Elektromonteure. Von Dr.-Ing. **Johann Grabscheid.** Mit 72 Textabbildungen. (72 S.) 1921. 2.80 Goldmark / 0.70 Dollar

Der Drehstrommotor. Ein Handbuch für Studium und Praxis. Von Prof. **Julius Heubach,** Direktor der Elektromotorenwerke Heidenau, G. m. b. H. Zweite, verbesserte Auflage. Mit 222 Abbildungen. (611 S.) 1923. Gebunden 20 Goldmark / Gebunden 4.80 Dollar

Elektrische Starkstromanlagen. Maschinen, Apparate, Schaltungen, Betrieb. Kurzgefaßtes Hilfsbuch für Ingenieure und Techniker sowie zum Gebrauch an technischen Lehranstalten. Von Studienrat Dipl.-Ing. **Emil Kosack,** Magdeburg. Sechste, durchgesehene und ergänzte Auflage. Mit 296 Textfiguren. (342 S.) 1923. 5.50 Goldmark; gebunden 6.50 Goldmark / 1.35 Dollar; gebunden 1.60 Dollar

Schaltungen von Gleich- und Wechselstromanlagen. Dynamomaschinen, Motoren und Transformatoren, Lichtanlagen, Kraftwerke und Umformerstationen. Ein Lehr- und Hilfsbuch. Von Studienrat Dipl.-Ing. **Emil Kosack,** Magdeburg. Mit 226 Textabbildungen. (164 S.) 1922. 5 Goldmark / 1.20 Dollar

Die Elektrotechnik und die elektromotorischen Antriebe. Ein elementares Lehrbuch für technische Lehranstalten und zum Selbstunterricht. Von Dipl.-Ing. **Wilhelm Lehmann.** Mit 520 Textabbildungen und 116 Beispielen. (458 S.) 1922. Gebunden 9 Goldmark / Gebunden 2.15 Dollar